大兴安岭北段铜、钼、金等矿床成矿系列及成矿模式研究

DAXING'ANLING BEIDUAN TONG MU JIN DENG KUANGCHUANG
CHENGKUANG XILIE JI CHENGKUANG MOSHI YANJIU

姚书振　魏连喜　何谋惷　胡新露　著

图书在版编目(CIP)数据

大兴安岭北段铜、钼、金等矿床成矿系列及成矿模式研究/姚书振等著.—武汉：中国地质大学出版社,2021.7

ISBN 978-7-5625-5052-5

Ⅰ.①大…

Ⅱ.①姚…

Ⅲ.①金属矿床-成矿系列-研究 ②金属矿床-成矿模式-研究

Ⅳ.①P618.201

中国版本图书馆 CIP 数据核字(2021)第 123315 号

大兴安岭北段铜、钼、金等矿床成矿系列及成矿模式研究		姚书振　等著
责任编辑：周　豪	选题策划：毕克成　张　健	责任校对：何澍语
出版发行：中国地质大学出版社(武汉市洪山区鲁磨路388号)		邮政编码：430074
电　　话：(027)67883511	传　真：(027)67883580	E-mail:cbb@cug.edu.cn
经　　销：全国新华书店		http://cugp.cug.edu.cn
开本：787毫米×1092毫米 1/16	字数：314千字	印张：12.25
版次：2021年7月第1版	印次：2021年7月第1次印刷	
印刷：武汉中远印务有限公司		
ISBN 978-7-5625-5052-5		定价：158.00元

如有印装质量问题请与印刷厂联系调换

《大兴安岭北段铜、钼、金等矿床成矿系列及成矿模式研究》编委会

主　　编：姚书振　魏连喜

副 主 编：何谋惷　胡新露　刘海洋　周腾飞

参编人员：余新朗　陈海明　高若峰　沈　军
　　　　　陈　斌　崔玉宝　曾国平　胡博心
　　　　　李　超

目 录

第一章　绪　言 …………………………………………………………………………（1）

第二章　区域地质 ………………………………………………………………………（3）

　　第一节　大地构造位置及特征 ……………………………………………………（3）

　　第二节　区域地层 …………………………………………………………………（6）

　　第三节　区域岩浆岩 ………………………………………………………………（12）

　　第四节　区域构造演化 ……………………………………………………………（18）

　　第五节　地球物理特征 ……………………………………………………………（22）

　　第六节　区域地球化学特征 ………………………………………………………（25）

　　第七节　区域矿产及成矿系列的划分 ……………………………………………（27）

第三章　加里东期斑岩-矽卡岩型铜（钼）矿成矿系列 ………………………………（31）

　　第一节　成矿条件 …………………………………………………………………（31）

　　第二节　主要矿床类型及特征 ……………………………………………………（33）

　　第三节　成矿岩体特征及成岩成矿时代 …………………………………………（38）

　　第四节　成矿物质来源 ……………………………………………………………（59）

　　第五节　成矿作用 …………………………………………………………………（63）

　　第六节　成矿系列的成矿模式 ……………………………………………………（69）

第四章　晚古生代与海底火山热液及岩浆活动有关的成矿系列 ……………………（71）

　　第一节　成矿条件 …………………………………………………………………（71）

　　第二节　主要矿床类型及特征 ……………………………………………………（72）

　　第三节　成矿岩体特征 ……………………………………………………………（76）

　　第四节　成矿作用 …………………………………………………………………（90）

　　第五节　成矿系列的成矿模式 ……………………………………………………（95）

第五章 燕山期与中酸性岩浆活动有关的铜、钼、金、银矿成矿系列 ……………… (97)

    第一节 燕山中期斑岩-脉型钼、铜、铅、锌矿成矿亚系列 ……………………… (97)

    第二节 燕山晚期浅成低温热液型金、银矿成矿亚系列 …………………………… (131)

第六章 区域成矿系列(统)的时空结构与大型矿床定位规律 …………………… (164)

    第一节 区域成矿地质条件 ……………………………………………………… (164)

    第二节 区域成矿动力学与成矿系统演化模式 ………………………………… (171)

    第三节 区域成矿系列的空间结构及大型矿床的定位规律 …………………… (174)

    第四节 找矿方向探讨 …………………………………………………………… (178)

第七章 主要成果和认识 …………………………………………………………… (180)

主要参考文献 ………………………………………………………………………… (184)

第一章 绪 言

  大兴安岭地区属兴蒙造山带东段,处于古生代古亚洲洋构造-成矿域与中生代环太平洋构造-成矿域两个全球构造-成矿域的叠合部位,构造-岩浆活动强烈。前中生代受控于古亚洲洋构造域演化,具有多块体和多阶段的拼合、增生特点;中生代以来则处于西伯利亚板块、华北板块、太平洋板块汇聚部位,受板块俯冲作用影响,岩石圈经历了早期强挤压增厚到晚期拉张减薄作用,进而引发了大规模构造-岩浆活动。大兴安岭地区成矿地质条件优越、成矿期次多、成矿强度大、矿床类型多样,是我国金、铜、钼、铅、锌、银等有色金属和贵金属及能源矿产的重要矿产地之一,在大兴安岭北段黑龙江省内有多宝山、铜山及小柯勒河铜钼矿床,岔路口、大黑山钼多金属矿床,争光、三道湾子、旁开门及古利库金矿床,塔源二支线铅锌铜矿床等,区域成矿潜力较大。

  大兴安岭地区地质工作起步较晚,且研究程度较低,系统的基础地质工作始于20世纪50年代。至20世纪90年代1∶20万区域地质调查和1∶20万区域化探测量全面完成。21世纪开始开展了1∶25万区域地质调查和1∶25万区域化探测量工作。2006年以后陆续开展1∶5万区域地质矿产调查,已汇交50余幅,占全区面积的30%左右。20世纪完成了1∶100万航空磁法及放射性测量,1∶20万和1∶5万航空磁法测量基本覆盖山区和半山区。2008—2012年,由省部合作重新开展了1∶5万航空磁法和放射性测量,完成全区1∶100万区域重力测量,完成1∶20万区域重力调查6幅(占全区面积的27%),完成全区1∶100万线、环形构造的遥感解译,完成多宝山-宽河、龙江-阿荣旗等地的1∶20万遥感矿产地质解译面积$3.2×10^4 km^2$。

  大兴安岭地区的正规矿产勘查工作始于20世纪60年代中期。从20世纪70年代以来,在1∶20万区域地质调查和中小比例尺面积性物化探工作的基础上,开展了地质普查和勘探工作,重点对区内发现的异常、重要矿点和矿产地进行查证、普查和勘探工作,相继对200余处矿产地开展了不同层次的勘查工作,提交数百份的各类矿产勘查报告。研究区陆续发现了金、铜、钼多金属矿床多处。

  区内最早科研报告见于20世纪60年代,对地质构造、岩浆岩、矿床及区域成矿规律做了大量研究工作,完成了《黑龙江流域及其毗邻地区地质与矿产资源研究》《大兴安岭东北部矿产和区域成矿规律》《多宝山斑岩铜矿床、矿化与岩体及蚀变的关系》《黑龙江省嫩江县多宝山矿田硫同位素地质研究报告》《黑龙江省多宝山斑岩型铜矿床的热液蚀变特点》《黑龙江省成矿地质条件和资源远景预测》《黑龙江省主要成矿区(带)矿床成矿系列及金、铜、铅、锌、晶质石》《黑龙江省两岸金多金属成矿带成矿条件与成矿规律对比研究》《嫩江—黑河地区晚古生代拼合构造带地质特征研究成果报告》《东北地区深部构造-地球动力学及区域成矿研究成果报告》《吉黑东部大地构造属性与成矿背景研究成果报告》《内蒙古东部—黑龙江西部燕山期火成岩特征及其成矿意义》《吉黑东部矿化集中区岩浆岩序列与地质成矿事件研究成果报告》《蚀变矿物原位地球化学勘查应用研究报告》等专著或科研报告。与此同时，各大院所、科研单位及生产单位发表了多篇科研论文。本区矿产地质研究成果的特点是早期研究侧重构造-火山-侵入岩成矿地质条件研究，随着成矿理论的发展，近年来更侧重成矿流体、成矿机制及同位素来源示踪研究；早期发现矿床的研究程度比近期发现矿床的研究程度要高。对单一矿床成矿过程、成矿机制、成矿模式、成岩成矿作用的研究较多，对区域成矿规律研究内容包括成矿条件、区域成矿模式、物质来源、成岩成矿作用、成矿动力学背景、成矿带划分、成矿系列等的研究较少。

大兴安岭北段地区因植被覆盖严重、交通不便，地质工作条件较差，且受传统勘查技术限制等诸多因素影响，其矿产资源勘查程度也相对较低，成矿作用和成矿规律研究程度均较为薄弱，已成为制约本区域新矿床发现与扩大找矿成果的关键因素。区内已发现的大中型矿产地较少，与其优越的成矿条件和巨大的成矿潜力相比十分不相称，故在该区域深入开展成岩成矿作用特征的研究和成矿规律总结，对于丰富、完善区域成矿理论和有效指导区域矿产勘查生产实践均显得十分必要。

鉴于此，黑龙江省有色金属地质勘查研究总院联合中国地质大学（武汉）和黑龙江省地质调查研究总院齐齐哈尔分院对多宝山－大新屯金铜多金属成矿带先行开展了综合研究工作（项目编码：SDK2010－25）。重点对塔源－旁开门金多金属成矿带的区域成矿地质条件和重要构造岩浆事件开展综合研究，优选岔路口斑岩型钼多金属矿床、松岭区大黑山钼矿床、塔源二支线矽卡岩型铅锌多金属矿床、呼玛天望台山浅成低温热液型金矿床、多宝山斑岩型铜矿床5个矿床作为重点剖析对象，通过典型矿床的解剖研究，查明了矿床成矿条件、矿床地质与地球化学特征、成岩成矿年代、主要控矿因素和成矿机制。在此基础上，收集了区内旁开门金矿床、古利库金矿床以及小柯勒河铜钼矿床的勘查和科研资料，通过综合研究，厘定主要成矿系统与成矿系列，建立了区域成矿系统（列）演化模式，总结了区域成矿系列的空间结构及大型矿床的定位规律，明确了找矿方向，对于找矿空间拓展、隐伏矿体寻找及储量扩充具有重要作用，同时为新矿床的发现提供了理论依据。

项目参加人员有黑龙江省有色金属地质勘查研究总院的魏连喜总工、刘明副总工、常四海、吴菲，中国地质大学（武汉）姚书振教授、丁振举教授、何谋惷副教授、胡新露副教授以及硕士研究生沈军、陈斌、崔玉宝、朱博鹏，曾国平、李超、胡博心3位本科生参加了部分野外工作。黑龙江省地质调查研究总院齐齐哈尔分院的孙广瑞和赵立国也参加了本项目的部分工作。

本书第一章和第二章由魏连喜、余欣朗编写，第三章由胡新露、常四海编写，第四章由何谋惷、陈海明编写，第五章由何谋惷、胡新露、刘海洋、周腾飞编写，第六章由姚书振、胡新露、魏连喜编写，第七章由何谋惷编写，全书由姚书振、魏连喜、何谋惷、胡新露负责修改定稿和文字贯通工作。

本书在形成过程中得到了黑龙江省有色金属地质勘查研究总院余友院长、黑龙江省地质矿产勘查开发局于援邦副总工程师和黑龙江省自然资源厅李昱岩总工程师的大力支持，同时还得到了参加项目的各位同仁和相关科室技术人员的帮助，在此向支持和帮助过我们的朋友表示诚挚的谢意。

第二章 区域地质

第一节 大地构造位置及特征

黑龙江省位于天山-兴蒙造山系的东段,自显生宙以来,经历了古亚洲洋构造域和环太平洋构造域的体制转换与叠加。前中生代受控于古亚洲洋构造域演化,具有多块体和多阶段的拼合、增生特点;中生代以来则处于西伯利亚板块、华北板块、太平洋板块汇聚部位,岩石圈经历了早期强挤压增厚到晚期拉张减薄作用,进而引发了大规模构造岩浆活动,伴有大规模成矿作用。

伴随板块理论的发展和应用,东北地区大地构造单元划分方案不断完善(任继舜等,1989;李春昱等,1980;程裕淇等,1995;刘永江等,2010;潘桂堂等,2009),黑龙江省前中生代经历了结晶基底与盖层形成、古陆块的增生固结与联合古陆的解体及拼合等构造演化过程,形成了多岛弧盆系、地块、结合带并存的 3 种大地构造单元(相)。按全国矿产资源评价大地构造单元划分方案,将Ⅰ级大地构造单元归入天山-兴蒙造山系,黑龙江省矿产资源评价组又在大地构造相研究与构造单元划分的基础上,以结合带、深大断裂作为构造边界进行大地构造Ⅱ级分区,自西向东依次划分出额尔古纳地块、大兴安岭弧盆系、小兴安岭-张广才岭岩浆弧、嘉荫-牡丹江结合带、佳木斯地块、完达山结合带、兴凯地块。在Ⅰ级、Ⅱ级构造单元划分的基础上,进一步划分出 26 个Ⅲ级构造单元(相)(表 2-1,图 2-1)。

表 2-1 黑龙江省Ⅱ级、Ⅲ级大地构造分区表

Ⅱ级	Ⅲ级
额尔古纳地块(Ⅰ-1)	漠河前陆盆地(Ⅰ-1-1)
	富克山-兴华变质基底杂岩(Ⅰ-1-2)
	环宇-新林蛇绿混杂岩(Ⅰ-1-3)
	塔河-翠岗岩浆弧(Ⅰ-1-4)
大兴安岭弧盆系(Ⅰ-2)	海拉尔-呼玛弧后盆地(Ⅰ-2-1)
	扎兰屯-多宝山岛弧(Ⅰ-2-2)
	嫩江-黑河构造混杂岩(Ⅰ-2-3)
	剌尔滨河岩浆弧(Ⅰ-2-4)

续表 2-1

Ⅱ级	Ⅲ级
小兴安岭-张广才岭岩浆弧（Ⅰ-3）	龙江-塔溪岩浆弧（Ⅰ-3-1）
	松嫩地块（Ⅰ-3-2）
	伊春延寿岩浆弧（Ⅰ-3-3）
	铁力-尚志岩浆弧（Ⅰ-3-4）
	依-舒裂谷（Ⅰ-3-5）
嘉荫-牡丹江结合带（Ⅰ-4）	太平沟俯冲增生杂岩+高压-超高压相（Ⅰ-4-1）
	依兰俯冲增生杂岩+高压-超高压相（Ⅰ-4-2）
	磨刀石俯冲增生杂岩+蛇绿混杂岩相（Ⅰ-4-3）
佳木斯地块（Ⅰ-5）	兴东变质基底杂岩（Ⅰ-5-1）
	宝清-密山陆缘裂谷（Ⅰ-5-2）
	鹤岗-鸡西岩浆弧（Ⅰ-5-3）
	三江盆地（Ⅰ-5-4）
完达山结合带（Ⅰ-6）	蛤蟆顶子-坨窑山蛇绿混杂岩（Ⅰ-6-1）
	东方红岩浆弧（Ⅰ-6-2）
兴凯地块（Ⅰ-7）	金银库-虎头变质基底杂岩（Ⅰ-7-1）
	老黑山-虎林周缘前陆盆地（Ⅰ-7-2）
	绥阳岩浆弧（Ⅰ-7-3）
	敦-密裂谷（Ⅰ-7-4）

本次工作研究范围西北部以兴华-塔源断裂带为界，东南侧以新开岭断裂带为界，东北延入俄罗斯，西南界进入我国内蒙古自治区，涵盖整个大兴安岭弧盆系（黑龙江省及黑龙江省管辖部分）。该弧盆系基底为中—新元古界，下寒武统构成早期沉积盖层，早奥陶世开始进入古亚洲洋构造域多岛弧盆系演化阶段，大致以北东走向的古龙干河为界，以西属弧后盆地沉积，由奥陶系伊勒呼里山群构成。古龙干河以东为奥陶纪火山岛弧建造、志留纪—泥盆纪弧间盆地沉积，早石炭世—晚石炭世在黑河—新开岭一线形成了一套构造混杂岩。中生代叠加了火山沉积-断陷盆地构造与侵入杂岩。据此划分出海拉尔-呼玛弧后盆地相、扎兰屯-多宝山岛弧相、嫩江-黑河构造混杂岩相、刺尔滨河岩浆弧相。

（1）海拉尔-呼玛弧后盆地相（Ⅰ-2-1）：位于大兴安岭弧盆系以西，包括呼玛、兴隆、旁开门等地，向东为多宝山岛弧。整体呈北东走向，向西南延入内蒙古自治区，向东北延入俄罗斯境内。盆地的基底岩系为中—新元古界兴华渡口岩群片岩-片麻岩-变质表壳岩组合与下寒武统兴隆群陆表海型陆棚碎屑岩-碳酸盐岩沉积。中—晚寒武世上隆遭受剥蚀，晚寒武世末—早奥陶世，在呼玛地区发生断坳陷作用，形成由陆缘浅海沉积岩类构成的奥陶系伊勒呼里山群，其不整合于兴隆群之上。盆地早期的断坳陷中心在兴隆沟一带，中—晚期在瓦拉

第二章 区域地质

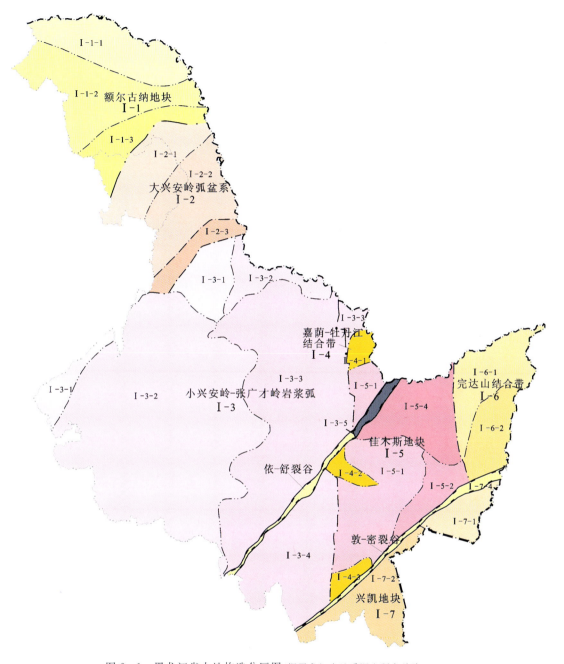

图 2-1 黑龙江省大地构造分区图(据黑龙江省地质调查研究总院,2013)

图中未标注的Ⅲ级构造单元:塔河-翠岗岩浆弧相(Ⅰ-1-4)形成时限为晚三叠世—早白垩世,本次构造岩浆活动规模大,范围广,从东至西波及了整个额尔古纳地块;剌尔滨河岩浆弧相(Ⅰ-2-4)范围与大兴安岭弧盆系一致,是叠加于弧盆系之上的滨太平洋构造域强烈活动阶段的岩浆弧;鹤岗-鸡西岩浆弧相(Ⅰ-5-3)中生代火山沉积建造与侵入岩类几乎覆盖了整个佳木斯地块区;绥阳岩浆弧相(Ⅰ-7-3)由火山沉积-断陷盆地、坳陷盆地、侵入杂岩构成,范围与Ⅰ-7-2基本一致。

里地区沉降明显,伴随张裂活动有酸性凝灰岩喷出。晚奥陶世末结束沉积并隆升。泥盆纪—早三叠世的碎屑岩与火山岩建造,属弧背沉积组合。

(2)扎兰屯-多宝山岛弧相(Ⅰ-2-2):范围包括多宝山、落马湖、罕达气、宽河一带,总体呈近南北向展布,向南延入内蒙古伊尔施,是黑龙江省奥陶系发育最好的区域。岛弧建造总体以奥陶系为主,岩性为浅海相火山-碎屑沉积岩,中部夹钙碱性火山岩建造,上部发育碳酸盐岩。底部硅泥质建造中含笔石,中上部产丰富的浅海相腕足、三叶虫等动物化石。弧基底为中—新元古代变质杂岩。志留纪—二叠纪为弧背盆地沉积。早石炭世末,弧盆系隆升为陆,晚石炭世末于新开岭一线与小兴安岭-张广才岭岩浆弧对接。伴随强烈的断裂构造活动,在多宝山地区有中酸性岩浆喷发与侵入,发育石炭纪—早三叠世侵入杂岩。

(3)嫩江-黑河构造混杂岩相(Ⅰ-2-3):是大兴安岭弧盆系与小兴安岭-张广才岭岩浆弧对接拼合形成的构造增生杂岩,位于黑河—嫩江一线,呈北东向带状延伸。主要由早石炭世—晚石炭世火山弧与同碰撞、后碰撞型侵入杂岩构成。带内以中深成变质表壳岩为主,含有蓝闪石等应力变质矿物。该带内岩石均经历了较强烈的构造变动,发育北东向与北北东向糜棱岩化带,岩石遭受糜棱岩化作用,破碎现象十分普遍。带内形成了众多的变质岩岩石类型,其原岩为侵入岩、火山岩与沉积岩。卷入构造混杂岩带的有中—新元古界兴华渡口岩群、早石炭世火山弧与不同时代的侵入岩类。

(4)刺尔滨河岩浆弧相(Ⅰ-2-4):范围与大兴安岭弧盆系一致,是叠加于弧盆系之上的滨太平洋构造域强烈活动阶段的岩浆弧,其形成时限为晚三叠世—新近纪。晚印支运动,使陆壳断裂,发生了大面积的火山喷发及花岗杂岩的侵入活动。本期构造岩浆活动十分强烈,范围遍及整个大兴安岭弧盆系。晚三叠世—早侏罗世以陆缘弧型侵入杂岩为主,中侏罗世为坳陷盆地沉积。早白垩世为众多的火山沉积-断陷盆地构造,构成了大兴安岭火山岩带的东部带。

第二节 区域地层

区内地层发育,主要为构成早前寒武纪结晶基底的中—新元古界兴华渡口岩群,古生界盖层寒武系、奥陶系、志留系、泥盆系、石炭系及二叠系碎屑岩和碳酸盐岩,中生界侏罗系、白垩系火山-碎屑岩系及含煤沉积建造(表2-2,图2-2)(黑龙江省地质调查研究总院,1993,2013)。

一、前寒武系

区内前寒武系主要是中—新元古界兴华渡口岩群($Pt_{2-3}X.$)。

中—新元古界兴华渡口岩群是本区出露的最老地层,自下而上划分为兴华岩组($Pt_{2-3}xh.$)、兴安桥岩组($Pt_{2-3}xa.$),主要出露于大兴安岭的塔河县和呼玛县等地,由一套绿片岩相—低角闪岩相变质岩系组成,一般被后期侵入岩所包围或被中生代火山岩覆盖,原岩为一套活动陆缘裂陷构造环境形成的中基性、酸性火山岩-碳酸盐岩-复理石建造。晋宁运动使其褶皱、变质,变质程度达绿片岩相—低角闪岩相。

表 2-2 区域地层简表

界	系	统	兴华			呼玛		多宝山	
新生界	第四系	全新统	低河漫滩堆积层（Qh）						
			高河漫滩堆积层（Qh）						
		上更新统	雅鲁河组（Qp_3y）						
			诺敏河组（Qp_3n）						
		下更新统	大熊山玄武岩（βQp_1d）						
	新近系	中—上新统	孙吴组（$N_{1-2}s$）						
中生界	白垩系	下统	甘河组（K_1g）						
			九峰山组（K_1j）						
			光华组（K_1gn）						
			龙江组（K_1l）						
			白音高老组（K_1by）						
	侏罗系	上统	木瑞组（J_3K_1m）						
			玛尼吐组（J_3mn）						
		中—上统	漠河组（$J_{2-3}m$）						
			二十二站组（$J_{2-3}er$）						
			绣峰组（$J_{2-3}x$）						
			塔木兰沟组（$J_{2-3}t$）						
		中统	七林河组（J_2q）						
	三叠系	下统	林西组（P_3T_1l）						
古生界	二叠系	上统							
		下统						宝力高庙组（C_2P_1b）	
	石炭系	上统	新伊根河组（C_2x）				花朵山组（C_2h）		
		下统	红水泉组（C_1hs）					查尔格拉河组（C_1c）	
	泥盆系	上统				小河里河组（D_3x）			
						根里河组（$D_{2-3}g$）			
		中统				德安组（D_2d）			
	志留系	顶统				泥鳅河组（S_4D_2n）			
		上统				卧都河组（S_3w）			
		中统				八十里小河组（S_2b）			
		下统				黄花沟组（S_1h）			
	奥陶系	上统	倭勒根岩群（构造岩）（$O_1S_1Wl.$）	大网子岩组（$O_1S_1d.$）吉祥沟岩组（$O_1S_1j.$）	伊勒呼里山群（OY）	安娘娘桥组（O_3a）	落马湖岩群（$OS_1L.$）	北宽河岩组（$OS_1b.$）	爱辉组（O_3a）
						南阳河组（O_2n）			裸河组（O_3l）
		中统				大伊希康河组（O_2d）		嘎拉山岩组（$OS_1g.$）	多宝山组（$O_{1-2}d$）
		下统				黄斑脊山组（O_1h）			
						库纳森河组（O_1k）			铜山组（$O_{1-2}t$）
	寒武系	下统			兴隆群（$\in_1Xl.$）	焦布勒石河组（$\in_1j$）			
						三义沟组（$\in_1s$）			
						洪胜组（$\in_1h$）			
						高力沟组（$\in_1g$）			

续表 2-2

界	系	统	兴华	呼玛	多宝山
元古界	中—新元古界		兴华渡口岩群（$Pt_{2-3}X.$）	兴安桥岩组（$Pt_{2-3}xa.$）	
				兴华岩组（$Pt_{2-3}xh.$）	
	古元古界		查班河林场表壳岩（Pt_1msr）		

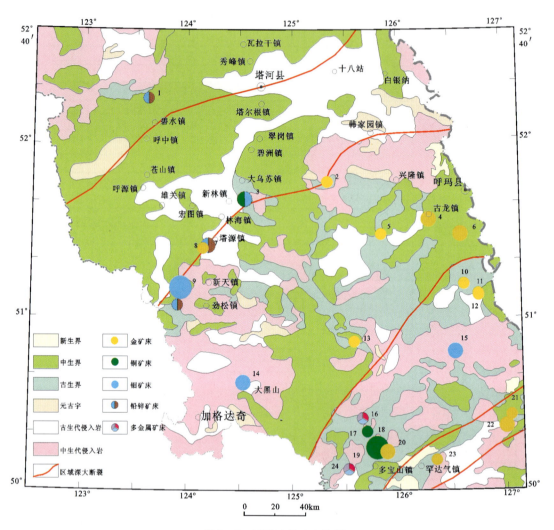

图2-2 区域地质矿产简图

1.碧水铅锌银矿床；2.黑龙沟-瓦拉里金矿床；3.小柯勒河铜钼矿床；4.天望台山金矿床；5.四道沟东山金矿床；6.旁开门金矿床；7.塔源二支线铅锌矿床；8.塔源二支线金（银）矿床；9.岔路口金矿床；10.二十四号桥金矿床；11.宽河金矿床；12.宽河后沟金矿床；13.古利库金矿；14.大黑山钼矿床；15.滨南钼矿床；16.三矿沟铁铜多金属矿床；17.育宝山铜（金）矿床；18.多宝山铜钼矿床；19.铜山铜矿床；20.争光金矿床；21.三道湾子北大沟金矿床；22.三道湾子金矿床；23.小泥鳅河金矿床；24.关鸟河钨铜多金属矿床

二、古生界

早古生代地层主要由寒武系和奥陶系组成,有少量的志留系。晚古生代地层主要为泥盆系和石炭系,有少量的二叠系。

1. 寒武系

区内的寒武系主要为下寒武统兴隆群($\in_1 Xl$),集中分布于兴隆—老焦布勒石河一带,为一套在裂谷边缘浅海环境下形成的细碎屑岩-碳酸盐岩-火山复理石沉积建造。该群进一步划分出4个组,自下而上分别为高力沟组($\in_1 g$)、洪胜沟组($\in_1 h$)、三义沟组($\in_1 s$)和焦布勒石河组($\in_1 j$)。

2. 奥陶系

区内奥陶系较为发育,包括伊勒呼里山群(OY)、落马湖岩群($OS_1 L.$),以及铜山组($O_{1-2} t$)、多宝山组($O_{1-2} d$)、裸河组($O_3 l$)和爱辉组($O_3 a$)。黑龙江省矿产资源潜力评价中把原新元古界—下寒武统倭勒根岩群时代定为下奥陶统—下志留统。

(1)伊勒呼里山群(OY):主要分布于伊勒呼里山北坡呼玛县内,总体上呈北东向展布,为一套浅海环境下形成的陆源碎屑岩沉积建造,由库纳森河组($O_1 k$)、黄斑脊组($O_1 h$)、大伊希康河组($O_1 d$)、南阳河组($O_2 n$)和安娘娘桥组($O_3 a$)、黄花沟组($S_1 h$)构成。

(2)铜山组($O_{1-2} t$)、多宝山组($O_{1-2} d$)、裸河组($O_3 l$)、爱辉组($O_3 a$):伊勒呼里山南段的卧都河、多宝山、裸河两岸、根里河、北疆旗西山等地是铜山组的发育地区。铜山组具有构成复理石建造或火山复理石建造特点,自下而上,岩石颜色由深变浅。多宝山组为一套海相中酸性火山岩(安山玢岩、安山岩、酸性熔岩)夹页岩、板岩的沉积组合,属产于火山岛弧带的海底火山喷发-沉积组合。裸河组为粉砂质板岩,整体呈正粒序层,自下而上粒度由粗变细。爱辉组主要具有变质粉砂岩与(灰)黑色板岩互层,构成微层状结构。

(3)倭勒根岩群($O_1 S_1 Wl.$):主要分布于新林、兴隆、韩家园子等地,包括吉祥沟岩组($O_1 S_1 j.$)、大网子岩组($O_1 S_1 d.$),为海沟-斜坡盆地硅泥质岩、碳酸盐岩、中基性—中酸性火山岩建造。

(4)落马湖岩群($OS_1 L.$):分布于呼玛县落马湖—宽河一带,为一套变质杂岩系。自下而上划分为2个组,嘎拉山岩组($OS_1 g.$)为一套中浅变质的细碎屑岩,以含十字石、矽线石变质矿物为特征;北宽河岩组($QS_1 b.$)为一套浅变质的细碎屑岩夹中酸性火山岩组合,以含石榴石变质矿物为特征。

3. 志留系

黑龙江省志留系分布范围局限,主要以分布在西北部的兴隆-罕达气-黑河地区的志留系碳酸盐岩和碎屑岩为主,包括下志留统黄花沟组($S_1 h$)、中志留统八十里小河组($S_2 b$)、上志留统卧都河组($S_3 w$)和顶志留统—中泥盆统泥鳅河组($S_4 D_2 n$)。

4. 泥盆系

德安组（D_2d）主要分布于根里河、窝里河等地，为未见顶的一套杂色碎屑岩组合，主要为粉砂岩、砂砾岩、板岩、灰岩、凝灰岩等，产腕足类、珊瑚等化石。根里河组（$D_{2-3}g$）分布于黑河市大河里河流域及嫩江县卧都河、呼玛县十一站等地，岩性为黑灰色杂砂岩、长石砂岩、绿泥板岩、凝灰砂岩及凝灰岩等，产有腕足类化石等。小河里河组（D_3x）出露于黑河市小河里河、查尔格拉河等地，岩性为砾岩、杂砂岩、板岩及粉砂岩夹碳质板岩组合，产丰富的植物化石，下部亦产海相腕足类化石。

5. 石炭系

区内石炭系包括红水泉组（C_1hs）、查尔格拉河组（C_1c）、新伊根河组（C_2x）、花朵山组（C_2h）和宝力高庙组（C_2P_1b）。红水泉组小面积分布于东方红林场、新林区翠岗等处，为海相碎屑岩、灰岩，局部夹凝灰岩。查尔格拉河组分布于黑河市小河里河及卧都河一带，下部以黄褐色砾岩为主，中上部为黑色粉砂泥质板岩与杂砂岩互层，产植物化石碎片。新伊根河组主要分布于塔源二支线，属陆相或海陆交互相碎屑岩组合，下部主要为砾岩夹粉砂岩，上部多为泥质岩和粉砂岩，底部有砾岩。花朵山组分布于嫩江县关鸟河沿岸、三矿沟、花朵山、罕达气、秀水河等地，为一套以中酸性、酸性火山岩为主，夹少量中性火山岩及正常沉积碎屑岩的陆相火山-沉积岩组合，沉积夹层中含植物化石。宝力高庙组分布于四站林场、四站大营南山、二十里河等地，岩性主要为一套中、酸性火山岩组合，局部出露中酸性火山岩，未见顶底。

6. 上二叠统—下三叠统

林西组（P_3T_1l）：分布于呼玛兴隆地区，为一套以黑灰色为主色调的砂板岩组合，湖相，含 *Palaeonodonta - Palaeomutella* 动物群、介形类化石及植物化石等，未见底。

四、中生界

区内缺失中-上三叠统，上侏罗统—下白垩统为陆相火山岩和火山碎屑岩建造。晚侏罗世—早白垩世的大兴安岭火山岩呈北北东向广泛分布于研究区，这套火山岩地层划分为塔木兰沟组（$J_{2-3}t$）、白音高老组（K_1by）、龙江组（K_1l）、光华组（K_1gn）、九峰山组（K_1j）和甘河组（K_1g）。

1. 侏罗系

（1）七林河组（J_2q）：分布于多宝山地区，岩性为富含火山物质的陆源粗碎屑岩。下部以砂砾岩、砾岩和凝灰砂砾岩为主，夹中酸性凝灰熔岩，砾石磨圆好，成分复杂；上部为凝灰砂岩，夹多层劣质煤线，并产 *Coniopteris* cf. *burejensis* 等植物化石和孢粉。

（2）塔木兰沟组（$J_{2-3}t$）：是大兴安岭中生代火山岩的最下部层位，以中性、基性火山岩为主，包括熔岩类、正常火山碎屑岩类、火山-沉积碎屑岩类和次火山岩类，以熔岩为主。岩性主要为橄榄玄武岩、玄武岩、玄武粗安岩、辉石安山岩、粗安岩、粗安质熔结凝灰岩、粗安质岩屑晶屑凝灰岩等。

(3) 绣峰组($J_{2-3}x$)：分布于漠河盆地，为一套不整合于前中生代花岗岩之上的陆源粗碎屑沉积岩。下部以砾岩、砂砾岩为主，夹凸镜状砂岩；中上部为砾岩、含砾粗砂岩、砂泥岩互层，夹煤线，产动植物化石。区域上与上覆的二十二站组灰黑色泥岩整合接触。

(4) 二十二站组($J_{2-3}er$)：分布于漠河盆地，为整合于绣峰组之上、漠河组之下的陆源细碎屑沉积岩。岩性以灰黑色、灰绿色细砂岩、粉砂岩、粉砂质泥岩为主，局部夹含砾砂岩及砂砾岩，产淡水动物及植物化石。以暗色砂泥质沉积区别于上、下地层。

(5) 漠河组($J_{2-3}m$)：分布于漠河盆地，下部以砂岩为主夹砾岩，上部为砂岩与粉砂质泥岩互层。产植物化石，夹薄煤层。代表剖面未见顶底。区域上与下伏绣峰组或二十二站组整合接触。

(6) 玛尼吐组(J_3mn)：分布于大兴安岭主脊及其以东地区，出露广泛。岩性为中性火山熔岩、中性火山碎屑岩、粗安岩夹火山碎屑沉积岩、沉积岩夹少量酸性火山岩。

(7) 木瑞组(J_3K_1m)：分布于大兴安岭主脊及其以东地区。岩性为粉砂岩、泥质粉砂岩、砾岩、砂砾岩、凝灰质粉砂岩、砂岩夹火山碎屑岩等。产叶肢介 *Nestoria pissovi*、植物 *Coniopteris silapensis* 等化石。

2. 白垩系

(1) 白音高老组(K_1by)：分布于大兴安岭主脊，为杂色酸性火山碎屑岩、酸性熔岩、酸性熔结凝灰岩夹中酸性火山碎屑岩、火山碎屑沉积岩、沉积岩及安山岩。

(2) 龙江组(K_1l)：龙江组火山岩在区内较广泛分布，为平行不整合在光华组之下的陆相中性火山岩组合。岩性以安山岩为主，中下部夹中酸性及酸性火山碎屑岩、熔岩，并具火山沉积岩夹层。

(3) 光华组(K_1gn)：光华组火山岩在区内广泛分布，其喷发强度最大，以中酸性火山岩为主体，包括熔岩类、正常火山碎屑岩类、火山-沉积碎屑岩类和次火山岩类，以火山碎屑岩和熔岩为主。岩性主要为流纹岩、流纹英安岩、英安岩、粗面英安岩、流纹质熔结凝灰岩、流纹质晶屑凝灰岩和凝灰砂岩、含砾凝灰砂岩等。

(4) 九峰山组(K_1j)：九峰山组为火山断坳陷盆地型沉积，下部以灰黑色泥岩、灰白色砂岩为主，夹凝灰砂岩、凝灰岩和玄武岩，夹多层薄煤层。

(5) 甘河组(K_1g)：甘河组火山岩是大兴安岭中生代火山岩最晚期产物，以中基性岩为主，包括熔岩类、正常火山碎屑岩类和次火山岩类，以熔岩为主。岩石构成单一，由灰色、灰绿色、灰黑色致密块状和杏仁状橄榄玄武岩、玄武粗安岩、粗安岩与粗面玄武岩构成，并见有粗安质角砾凝灰岩。

五、新生界

1. 新近系

孙吴组($N_{1-2}s$)：为分布于呼玛县等地的一套河湖相粗碎屑沉积。岩性主要为灰色、黄褐色、灰黄色弱胶结砂砾岩、砂岩夹灰绿色、灰色泥岩(黏土岩),局部砂砾岩为铁质胶结或含铁质结核。

2. 第四系

第四系主要有下更新统大熊山玄武岩($\beta Qp_1 d$)、上更新统诺敏河组($Qp_3 n$)、雅鲁河组($Qp_3 y$)、全新统河漫滩堆积层(Qh)。

第三节 区域岩浆岩

区内频繁的构造运动伴随着强烈的岩浆活动,形成了种类多样、分布广泛的岩浆岩,且火山岩和侵入岩均较发育。晚寒武世—早奥陶世岩浆活动强烈,塔河地区大面积分布该期侵入岩。奥陶纪晚期—二叠纪,持续受古亚洲洋俯冲影响,岩浆活动减弱,各期侵入岩局部零星出露。中生代岩浆活动强烈且频繁,侵入岩发育,在早侏罗世侵入岩中识别出了一套TTG组合。中侏罗世—早白垩世火山岩较发育,受鄂霍茨克洋与太平洋俯冲影响强烈,形成钙碱性闪长岩、花岗闪长岩、二长花岗岩、正长花岗岩、碱长花岗岩组合,标志着大规模的陆内造山作用。

一、侵入岩

根据构造岩浆旋回、岩石组合(系列)、侵入岩与围岩接触关系和同位素定年数据,将区内侵入岩划分为6期(表2-3)及岩脉类,分述如下。

1. 晚寒武世—早奥陶世侵入岩

该期岩体主要出露于塔河县附近,岩石组合主要为石英闪长岩、花岗闪长岩、二长花岗岩、正长花岗岩。同位素年龄在500.4~484.6Ma之间(葛文春等,2005,2007;Wu et al,2011)。该期花岗岩组合$w(Al_2O_3) > w(CaO+Na_2O+K_2O)$,为正常类型,显示为钙碱性系列。分异指数(DI)较大,而固结指数(SI)较小,表明该花岗岩组合的岩浆结晶分异作用的程度较高。轻稀土元素分异程度较高,重稀土元素分异程度相对偏低。多数样品稀土元素显示出Eu的负异常。亲石元素Nb、Ta等具有明显的负异常,Hf、La等具有明显的正异常。大离子亲石元素(LILE)相对于高场强元素(HFSE)富集,显示弧属性。根据Y-Nb判别图解,样品主体落入同碰撞和火山弧花岗岩区,部分落入板内花岗岩区。获得锆石$\varepsilon_{Hf}(t)$值集中在-14.89~6.22之间,主体为正值,表明该期花岗岩的岩浆源区主要为新生地壳物质。负$\varepsilon_{Hf}(t)$值($\geqslant -14.89$)的存在暗示岩浆在演化过程中可能有一些古老地壳物质的混染(葛文春,2007)。该期I型花岗岩形成于新林-塔源-兴隆弧后海盆关闭,弧陆拼合伸展环境。物质来源为壳幔混合源。

表 2-3 研究区侵入岩特征一览表

地质时代		代号	同位素年龄/Ma	岩石组合		岩石系列	成因类型
显生宙	中生代	早白垩世	K_1	144.67~119.7 (LA-ICP-MS, SHRIMP)	酸性	花岗闪长岩、二长花岗岩、正长花岗岩、碱长花岗岩	高钾钙碱性-钾玄质系列	壳幔混源
					中性	闪长岩、石英二长闪长岩	高钾钙碱性系列	壳幔混源
		晚三叠世—早侏罗世	T_3J_1	226~178 (LA-ICP-MS, SHRIMP)	酸性	花岗闪长岩、二长花岗岩、正长花岗岩	高钾钙碱性系列	壳幔混源
	古生代	早二叠世	P_1	254±1 (LA-ICP-MS)	酸性	花岗闪长岩、二长花岗岩、正长花岗岩	高钾钙碱性系列	壳幔混源
		早石炭世	C_1	357~329.4 (LA-ICP-MS, SHRIMP)	酸性	二长花岗岩、正长花岗岩、碱长花岗岩	(高钾)钙碱性系列岩系	壳幔混源
					中性	闪长岩	(高钾)钙碱性系列岩系	壳幔混源
		早奥陶世—早志留世	O_1S_1	465~443.5 (LA-ICP-MS, SHRIMP)	酸性	二长花岗岩	钙碱性系列	壳幔混源
		晚寒武世—早奥陶世	ϵ_3O_1	500.4~484.6 (LA-ICP-MS, SHRIMP)	酸性	花岗闪长岩、二长花岗岩、正长花岗岩、碱长花岗岩	(高钾)钙碱性系列	壳幔混源
					中性	石英闪长岩	钙碱性系列	壳幔混源

2. 早奥陶世—早志留世侵入岩

该期岩体主要出露于翠岗、塔源镇、韩家园附近,岩石组合为闪长岩、花岗闪长岩、二长花岗岩、正长花岗岩。同位素年龄在 465~443.5Ma 之间(葛文春等,2007;隋振民,2006;任邦方等,2012)。该期花岗岩组合 $w(Al_2O_3)>w(CaO+Na_2O+K_2O)$,为正常类型,显示为钙碱性系列。分异指数(DI)较大,而固结指数(SI)较小,表明该花岗岩组合的岩浆结晶分异作用的程度较高。轻稀土元素分异程度较高,重稀土元素分异程度相对偏低。亲石元素 Nb、Ta、Sr 等具有明显的负异常,Ba、La 等具有明显的正异常。大离子亲石元素(LILE)相对于高场强元素(HFSE)富集,显示弧属性。在 Rb-(Y+Nb)判别图解中,样品落入火山弧花岗岩区;在 Y-Nb 判别图解中,样品主体落入火山弧花岗岩区和同碰撞花岗岩区;在 Sr-Y 图解中,主体落入埃达克岩区最低边缘外和弧岩浆岩区。获得锆石 $\epsilon_{Hf}(t)$ 值集中在 -1.1~6.44 之间,主体为正值,表明该期花岗岩的岩浆源区主要为新生地壳物质。负 $\epsilon_{Hf}(t)$ 值(≥-1.1)的存在暗示岩浆在演化过程中可能有一些古老地壳物质的混染。

3. 早石炭世侵入岩

该期岩体主要出露于劲松镇东南、罕达气附近,同位素年龄在 357～329.4Ma 之间(赵焕利,2012)。该期花岗岩组合 $w(Al_2O_3)>w(CaO+Na_2O+K_2O)$,为正常类型,显示为(高钾)钙碱性系列。分异指数(DI)较大,而固结指数(SI)较小,表明该花岗岩组合的岩浆结晶分异作用的程度较高。轻稀土元素分异程度不高,重稀土元素分异程度相对偏高。亲石元素 Nb、Ta、Sr、Ba 等具有明显的负异常,Th、U、La 等具有明显的正异常。大离子亲石元素(LILE)相对于高场强元素(HFSE)富集,Nb、Ta 微量元素亏损,显示弧属性。在 Rb-(Y+Nb)判别图解中,样品落入火山弧花岗岩区;在 Y-Nb 判别图解中,样品落入火山弧花岗岩和同碰撞花岗岩区;在 Sr-Y 图解中,主体落入埃达克岩区。

4. 早二叠世侵入岩

该期岩体出露面积小,主要分布在加格达奇北部和大孤山东部。岩石组合主要为花岗闪长岩、二长花岗岩组合。获得锆石 U-Pb 年龄(254±1)Ma。该期花岗岩组合 $w(Al_2O_3)>w(CaO+Na_2O+K_2O)$,为正常类型,显示为高钾钙碱性系列。分异指数(DI)较大,而固结指数(SI)较小,表明该花岗岩组合的岩浆结晶分异作用的程度较高。轻稀土元素分异程度不高,重稀土元素分异程度相对偏高。亲石元素 Ta、Nb、Ba、Sr 等具有明显的负异常,La、Th 等具有明显的正异常。大离子亲石元素(LILE)相对于高场强元素(HFSE)富集。在 Rb-(Y+Nb)判别图解中,样品落入火山弧花岗岩区;在 Y-Nb 判别图解中,样品落入火山弧花岗岩和同碰撞花岗岩区;在 Sr-Y 图解中,主体落入埃达克岩区最低边界。

5. 晚三叠世—早侏罗世侵入岩

该期岩体出露于兴隆、三房山等地,岩石组合主要为石英闪长岩、花岗闪长岩、二长花岗岩、正长花岗岩。获得锆石 U-Pb 年龄 226～178Ma(张彦龙,2010;王召林,2010)。该期花岗岩组合 $w(Al_2O_3)>w(CaO+Na_2O+K_2O)$,为正常类型,显示为高钾钙碱性系列。分异指数(DI)较大,而固结指数(SI)较小,表明该花岗岩组合的岩浆结晶分异作用程度较高。在An-Ab-Or图解中,主体落入英云闪长岩和花岗闪长岩交会处,显示出过渡属性,且 $w(Na_2O)>w(K_2O)$,显示为 TTG 组合,且属镁闪长岩。轻稀土元素分异程度不高,重稀土元素分异程度相对偏高。亲石元素 Nb、Sr 等具有明显的负异常,La、Th 等具有明显的正异常。大离子亲石元素(LILE)相对于高场强元素(HFSE)富集。在 Rb-(Y+Nb)判别图解中,样品落入火山弧花岗岩区;在 Y-Nb 判别图解中,样品落入火山弧花岗岩和同碰撞花岗岩区,个别落入板内花岗岩区;在 Sr-Y 图解中,主体落入埃达克岩区和弧岩浆岩区。获得锆石 $\varepsilon_{Hf}(t)$ 值集中在 $-3.1\sim1.8$、$-3.7\sim1.1$、$4.5\sim13.1$ 三个区间,主体为正值,表明该期花岗岩的岩浆源区主要为新生地壳物质。$\varepsilon_{Hf}(t)$ 值($\geqslant-3.1$)的存在暗示岩浆在演化过程中可能有一些古老地壳物质的混染。

6. 早白垩世侵入岩

该期岩体主要出露于白郎河拉河及伊勒呼里山新林林场一带,岩石组合主要为闪长岩、石英二长岩、石英二长闪长岩、花岗闪长岩、二长花岗岩、正长花岗岩、碱长花岗岩。获得锆石 U-Pb 年龄为 144.67～119.7Ma。该期花岗岩组合 $w(Al_2O_3) > w(CaO+Na_2O+K_2O)$，为正常类型，显示为高钾钙碱性-钾玄质系列。分异指数(DI)较大，而固结指数(SI)较小，表明该花岗岩组合的岩浆结晶分异作用程度较高。轻稀土元素分异程度较高，重稀土元素分异程度相对偏低。亲石元素 Nb、Sr、Eu 等具有明显的负异常，Th、U、La、Zr 等具有明显的正异常。大离子亲石元素(LILE)相对于高场强元素(HFSE)富集。在 Rb-(Y+Nb) 判别图解中，样品主体落入火山弧花岗岩区内，个别落在板内花岗岩和同碰撞花岗岩区内；在 Y-Nb 判别图解中，样品主体落入同碰撞和火山弧花岗岩区，个别落入板内花岗岩区；在 Sr-Y 图解中，主体落入埃达克岩区和弧岩浆岩区。

7. 浅成斑(玢)岩脉类

研究区内各类脉岩比较发育，种类较多，中性、酸性、偏碱性脉岩均有出露。脉岩受断裂制约明显，与构造关系密切，主要沿北北东向和北东向展布，规模一般较小，出露宽度多在几米到几十米之间，长度百余米。生成时代多为早白垩世。岩性以花岗斑岩为主。

二、火山岩

研究区火山构造-岩浆活动频繁，火山喷发作用强烈，火山活动具有多期次的特点，所形成的火山岩的岩石类型颇多。根据火山喷发活动的方式及形成地质环境不同，早古生代火山岩以海底火山喷发方式为主，形成了一系列海相火山岩类，火山岩普遍发生不同程度的区域变质；而在晚古生代及其以后，则以大陆火山喷发方式为主，形成了一系列陆相弧火山岩类。

1. 兴华渡口期变质火山岩

兴华渡口期变质火山岩为晋宁期的中深变质岩系，主要分布在呼玛县、塔河县、漠河县，以及大兴安岭地区呼中区、新林区。由于原岩成分的差异，经历区域变质作用后，兴华渡口岩群形成的变质岩石类型复杂多样，变质火山岩主要有斜长角闪岩类、片岩类、片麻岩、变粒岩类。兴华渡口岩群形成时代为中—新元古代。岩石化学分析结果表明，兴华渡口期变质火山岩不同岩石类型的化学成分是有差异的，总体趋势是由基性化学成分向中酸性化学成分方向变化。

2. 铜山期变质火山岩

在黑龙江省内，铜山期变质火山岩以嫩江县多宝山铜矿为中心，向西延至关鸟河，向东延至剌尔滨河，向北延至五隆屯。其中明显夹有火山岩的只分布于多宝山—窝理河一带。该期火山岩下部多为流纹质熔岩及其凝灰碎屑岩，而上部则为英安质或安山质熔岩及其凝灰碎屑岩。岩石化学分析结果表明，铜山期变质火山岩属于过铝质和偏铝质类型。

3. 多宝山期变质火山岩

多宝山期火山喷发频率大，火山活动程度高，火山岩厚度也较大。该期火山岩下部为爆发空落相的安山质火山角砾岩,代表火山爆发强烈,随着爆发作用的减弱,出现了溢流相的安山岩等火山熔岩,火山活动晚期出现了喷溢相的英安岩和爆发空落相的安山质凝灰岩、流纹质凝灰岩等火山碎屑岩沉积。构成了一个由中基性—中酸性火山岩组成的完整的火山喷发韵律旋回,其间夹有多个小的喷发韵律旋回。由于此期火山岩富含铜,故为多宝山斑岩铜矿床提供了主要矿质。主要岩石类型有含角砾安山质凝灰岩、安山岩、英安岩、流纹质凝灰岩、蚀变橄榄辉石玄武岩、玄武质火山角砾岩等。岩石化学分析结果表明,多宝山期变质火山岩大部分属于过铝质类型。

4. 大网子期变质火山岩

大网子期变质火山岩在韩家园—新林一带分布,在北宽河上游宽河林业经营所一带向东南延伸。该期为一套浅变质的海相中基(酸)性火山岩。该主体岩性为变质基性熔岩、变酸性熔岩、变中性熔岩、变英安岩及变质火山碎屑岩类等。岩石化学分析结果表明,大网子期变质火山岩样品大部分属于过铝质类型。

5. 塔木兰沟期火山岩

塔木兰沟期中基性火山岩出露于大兴安岭地区,在新林镇西侧、呼玛县呼源镇等地呈北西向零星分布,主要以负地形地貌形式产出,多沿山体边部呈裙带状分布。获得的锆石 U-Pb 年龄分别为 (161 ± 10) Ma、(161 ± 1) Ma、(153.6 ± 1.2) Ma。主要表现为一套中基性火山岩组合,以熔岩为主,多见杏仁状构造。岩石化学分析结果表明,塔木兰沟期火山岩中多数样品属于亚铝质系列,少数样品属于过铝质系列。里特曼指数(σ)为 3.33~4.68,属于钙碱性—碱性系列。在 TAS 图解中主要落入粗面玄武岩区、玄武质粗面安山岩区。在碱-二氧化硅图解中样品落入碱性区。稀土元素总量($\sum$REE)在 121.83×10^{-6}~211.66×10^{-6} 范围内。轻重稀土元素比值(LREE/HREE)在 9.32~12.59 之间,属轻稀土元素富集型。δEu 为 0.68~1.05,主体 Eu 无异常。在微量元素球粒陨石蛛网图中主体表现为:大离子亲石元素 Sr、Ba 富集,Cs、Rb 亏损;高场强元素 Nb、Ta、Zr 弱亏损,U、Th 富集。

6. 白音高老期火山岩

白音高老期火山岩集中在新林—呼玛县翠岗一带,呈北东向展布。该期流纹岩 U-Pb 同位素年龄为 (130 ± 1) Ma、(136.9 ± 1.3) Ma。该期以酸性火山岩为主,火山作用方式多样,以爆发、喷溢、爆溢为主,火山岩相多见空落相、溢流相、火山碎屑流相等。岩石化学分析结果表明,该期火山岩多数样品 A/CNK 值在 1~1.2 之间,属于偏铝质—过铝质系列。在 TAS 图解中样品全部落入流纹岩区。在(K_2O+Na_2O)-SiO_2 图解中落入亚碱性区域。稀土元素总量($\sum$REE)在 101.67×10^{-6}~190.8×10^{-6} 范围内。轻重稀土元素比值 LREE/HREE 在 9.49~19.31 之间,属轻稀土元素富集型。δEu 为 0.52~0.99,Eu 亏损。在微量元素球粒陨石蛛网图中主体表现为:大离子亲石元素 Ba 富集,Rb、Sr、Cs 亏损;高场强元素 Nb、Y 弱亏损,Th、U 富集。

7. 龙江期火山岩

龙江期火山岩主要分布于龙江—呼玛一带，呈北北东向展布，常与光华期酸性火山岩相伴出露。该期安山岩在龙江县附近获得锆石 U-Pb 同位素年龄为 (126.1 ± 1.7) Ma、(128.9 ± 1.3) Ma、(126.2 ± 1.1) Ma、(128.4 ± 1.6) Ma、(129.6 ± 1.7) Ma，年龄多集中在 $130\sim125$ Ma 之间。该期以中性火山岩为主，火山作用方式多样，以爆发、喷溢、爆溢为主，火山岩相多见空落相、溢流相、火山碎屑流相等。岩石化学分析结果表明，A/CNK 值为 $0.93\sim1.23$，主体属于偏铝质—过铝质系列。在 TAS 图解中样品投点落入粗面岩、英安岩、安山岩、粗安岩区，其中多数样品落入安山岩、粗安岩区。在 (K_2O+Na_2O)-SiO_2 图解中投点全部落入亚碱性区。在 FAM 图解中投点落入钙碱性系列。稀土元素总量（ΣREE）在 $117.47\times10^{-6}\sim217.35\times10^{-6}$ 范围内。轻重稀土元素比值（LREE/HREE）在 $7.49\sim10.61$ 之间，属轻稀土元素富集型。δEu 为 $0.57\sim1.14$，Eu 无亏损。在微量元素球粒陨石蛛网图中主体表现为：大离子亲石元素 Ba、Sr 富集，Rb、Cs 亏损；高场强元素 Nb、Y 弱亏损，Th、U 富集。

8. 光华期火山岩

光华期火山岩在大兴安岭地区喷发剧烈，分布面积较大，在黑河—呼玛一带呈北北东向展布，在韩家园—塔河—漠河一带呈北西向展布，常与龙江期中性火山岩相伴出露。该期流纹岩 U-Pb 同位素年龄为 (126 ± 2) Ma、(125 ± 2) Ma、(115.8 ± 1.2) Ma、(122.4 ± 1.7) Ma、(123 ± 1.3) Ma，另外 2 个年龄均采自于光华组建组剖面（PM211）上，上部黏土岩年龄为 (120.1 ± 1.1) Ma，下部薄板状凝灰岩锆石年龄为 (125.4 ± 1.4) Ma，将光华期火山岩年龄基本限定在 $125\sim120$ Ma 之间。该期以酸性火山岩为主，火山作用方式多样，以爆发、喷溢、爆溢为主，火山岩相多见空落相、溢流相等，其中以溢流相为主。黑龙江省内早白垩世光华期火山岩岩石化学分析结果表明，A/CNK 值为 $1.11\sim1.43$，主体属于过铝质系列。在 TAS 图解中样品落入流纹岩区。在 (K_2O+Na_2O)-SiO_2 图解中全部落入亚碱性区。稀土元素总量（ΣREE）在 $149.66\times10^{-6}\sim217.45\times10^{-6}$ 范围内。轻重稀土元素比值（LREE/HREE）在 $5.54\sim11.89$ 之间，属轻稀土元素富集型。$\delta Eu=0.64\sim1.13$，Eu 弱亏损。在微量元素球粒陨石蛛网图中主体表现为：大离子亲石元素 Ba 富集，Rb、Cs、Sr 亏损；高场强元素 Nb、Th 弱亏损，Y 亏损明显，U 富集。

9. 甘河期火山岩

甘河期火山岩在大兴安岭地区喷发剧烈，分布面积较大，南起龙江—黑河一带，北至漠河县均有该期火山岩出露。其中在黑河—呼玛一带呈北北东向展布，在韩家园—塔河—漠河一带呈北西向展布。该期火山岩常呈孤岛状正地形的地貌形式产出。常与光华期酸性火山岩相伴出露，该期安山岩 U-Pb 同位素年龄为 (118 ± 1) Ma、(123 ± 1) Ma，玄武安山岩 $^{40}Ar/^{39}Ar$ 年龄为 (123.1 ± 1.1) Ma。该期以中性—基性火山岩为主，火山作用方式单一，以喷溢为主，火山岩相多为溢流相。岩石化学分析结果表明，A/CNK 值为 $0.37\sim1.02$，多数样品 A/CNK 值小于 1，属于亚铝质系列，只有一个样品为 1.02，属于偏铝质系列。在 TAS 图解中多数样品投点落入玄武安山岩、玄武质粗面安山岩区。在 $K_2O+Na_2O-SiO_2$ 图解中主体落入亚碱性区，2 个投点落入碱性区。稀土元素总量（ΣREE）在 $124.06\times10^{-6}\sim378.73\times10^{-6}$ 范围内。轻重稀土元素比值（LREE/HREE）在 7.35～11.31 之间，属轻稀土元素富集型。δEu 为 0.77～0.97，Eu 无亏损。在微量元素球粒陨石蛛网图中主体表现为：大离子亲石元素 Ba、Sr 富集，Rb、Cs 亏损；高场强元素 Nb 弱亏损，Y 亏损明显，Th、U 富集。

第四节　区域构造演化

研究区经历了中元古代—早寒武世陆壳形成阶段的演化，兴凯旋回形成结晶基底。多岛洋演化阶段，大兴安岭弧盆系与小兴安岭-张广才岭岩浆弧沿嫩江-黑河拼合带于早石炭世拼接，之后进入后碰撞阶段。中三叠世以来研究区进入了滨（古）太平洋陆缘发展演化阶段，形成了大规模的陆缘弧侵入岩与火山沉积-断陷盆地。新近纪以来沿地块边缘等大陆裂谷带有大规模的陆内裂谷型玄武岩喷发。

一、研究区构造演化阶段划分

区域构造演化大体可分如下 3 个阶段。

1. 中元古代—早寒武世构造演化阶段

研究区在中元古代—新元古代古弧盆系演化期间，形成了兴华渡口岩群。经历了 500Ma 兴凯期（晚泛非期）变质作用。兴华渡口岩群在兴华—韩家园一带最为发育，零星见于落马湖—新开岭地区，早期发育中基性火山岩，火山活动的间歇期形成泥质岩-杂砂岩组合，向上发育镁质碳酸盐岩，表明处于干旱炎热的浅滨海相火山-沉积环境。基性火山岩类与碳酸盐岩类多产于洋中脊与洋底环境，长英质变粒岩及片岩、片麻岩类产于火山弧环境，形成于岛弧-弧后盆地或活动大陆边缘环境。

新元古代晚期凤水山地区有变质深成花岗片麻岩组合，十八站地区有英云闪长岩-花岗闪长岩-花岗岩组合的侵入，表明这一时期地壳厚度显著增大，代表地壳物质重熔的岩浆侵入作用已经开始形成。新元古代末期，处于稳定的地块发展演化环境。

早寒武世在兴隆地区，形成了沉积环境为较闭塞浅海，属缺氧还原环境的陆表海型沉积组合。早中期处于稳定下坳、物源供给充分的浅海环境，晚期碎屑岩中夹凝灰岩至凝灰熔岩，表明此时构造活动有所增强，伴有间歇性的火山喷发活动。上述物质共同构成了古弧盆系结晶基底的早期沉积盖层。

2. 晚寒武世—早三叠世构造演化阶段

早寒武世盖层沉积形成之后，在中—晚寒武世均处于较为稳定的隆升状态。晚寒武世末—早奥陶世初期，联合古陆发生分化裂解，形成了多岛洋构造格局，开始了古亚洲洋构造域发展演化的漫长历程。奥陶纪是弧盆系发展演化的重要阶段,此时海域广大,大部分地区为海水漫覆。早奥陶世受洋陆俯冲作用的影响在多宝山地区发育火山岛弧,形成了铜山组火山碎屑浊积岩与多宝山组以中性—中酸性为主的钙碱性火山喷发岩。至中晚期形成裸河组火山碎屑浊积岩夹碳酸盐岩组合,末期形成了爱辉组深海泥岩相建造。在呼玛地区形成了弧后盆地,主要为浅滨海相陆源碎屑浊积岩与大理岩夹层。在火山弧构造发展演化阶段,发生了北西向早奥陶世—早志留世裂谷型辉长岩组合侵入就位。晚奥陶世末,海水退出,盆地隆升为陆。

早志留世—泥盆纪在持续俯冲消减作用下,奥陶纪火山弧体分裂,在志留纪—泥盆纪形成了弧间裂谷盆地。中志留世海水变浅,构造活动渐强,沉积岩碎屑颗粒有变粗的趋势,偶夹玄武岩层。晚志留世处于动荡的浅滨海环境,形成了石英质砂岩-砂砾岩组合。晚志留世末至中泥盆世是裂谷盆地发展的高峰期,早泥盆世是裂陷构造发育最强烈时期,在罕达气形成了细碧角斑岩建造,至泥盆纪末,弧体封闭,弧间盆地的堆积与演化作用结束。在上述弧间裂谷盆地堆积后期,晚泥盆世在依克特有后造山环境闪长岩组合被动就位。

石炭纪—早三叠世已转为陆相环境,形成了弧背盆地。晚石炭世的构造活动比较局限,仅在哈力图河附近有花朵山组火山岩的喷发。晚二叠世—早三叠世本区多处出现内陆湖相环境,早二叠世有五道沟陆缘型闪长岩组合、花岗闪长岩-花岗岩组合、大黑山碱长花岗岩组合、卫星山花岗闪长岩-花岗岩组合侵入,晚二叠世—早三叠世有建边闪长岩组合、英云闪长岩-花岗岩组合、碱长花岗岩-碱性花岗岩组合侵入。

上述大规模花岗质岩浆的侵入活动,使前期地质体固结成统一整体,本区自此进入了较为稳定的陆内发展演化环境。

3. 中三叠世—第四纪构造演化阶段

自中三叠世开始,研究区主体大地构造格局发生了根本转变,转为滨(古)太平洋活动陆缘演化阶段,处于强烈的陆缘岩浆弧发展时期。

晚三叠世—早侏罗世滨太平洋陆缘岩浆弧侵入岩:晚三叠世期间,发生了强烈的陆缘弧型侵入杂岩的侵入活动(T_3-J_1),主要集中在卧都河—白石砬子一带,形成了卧都河—白石砬子一带以TTG组合为主的伴有少量中性岩、酸性岩与碱性岩的共生组合,主要有闪长岩组合、英云闪长岩-奥长花岗岩-花岗闪长岩(TTG)组合、花岗岩组合、碱长花岗岩组合。中侏罗世坳陷盆地经历了晚三叠世—早侏罗世的陆缘岩浆侵入活动,进入中侏罗世本区的构造作用趋缓,进入了后碰撞环境,总体处于较稳定的构造隆升状态,仅在法别拉河上游形成了局部坳陷,形成了坳陷盆地型七林河河湖相泥岩、粉砂岩、细砂岩夹煤(J_2)组合。

晚侏罗世—早白垩世(J_3-K_1)以火山强烈的喷发作用为主,形成了一系列北东走向大小不等的火山-沉积断陷盆地构造。本期的构造活动以火山岩喷发为主,伴有双峰式侵入杂岩(J_3-K_1)侵入,主要呈岩株状与脉状产出。

晚白垩世—第四纪陆内总体处于隆升构造环境,仅在中—上新世形成了由孙吴河湖相砂砾岩组合构成的坳陷盆地构造。第四纪以来,主要体现为差异性升降活动,以河谷与山间洼地中支沟的坡残积与河流细谷型碎屑物的堆积为主。

二、研究区主要构造

研究区内构造非常发育,据已有资料结合地球物理及遥感影像特征,将研究区内划分为环宇-新林推覆构造、嫩江-黑河推覆构造、新林-兴隆-韩家园子韧性剪切带、塔源-四道沟韧性剪切带4个大型构造单元。区内深大(岩石圈)断裂带主要有北东—北北东向得尔布干断裂带、兴华-塔源断裂带、嫩江断裂带、新开岭断裂带。

1. 环宇-新林推覆构造

该构造单元分布于新林—环宇一带,北东走向,全长大于180km,出露宽度大于20km,南部延入内蒙古自治区,向北过黑龙江省延入俄罗斯境内。基底由中—新元古代兴华渡口岩群构成。早期沉积了吉祥沟石英片岩、千枚岩、板岩、微晶灰岩,及含石墨灰岩、微晶片岩组合,晚期建造为大网子中基性—中酸性熔岩和变酸性熔岩及细碎屑岩组合,并伴有蛇绿岩的侵位以及岛弧型侵入岩的形成。早志留世末,隆升为陆。至早石炭世局部下陷,有上叠型弧背盆地堆积。中生代的构造岩浆活动,使该混杂岩带进一步遭受了断裂的切割与岩浆活动的破坏。从中—新元古代兴华渡口岩群到早志留世侵入岩均不同程度发生韧脆性变形,早奥陶世—中志留世侵入岩变形最强烈,岩石均具糜棱岩化。该推覆构造带形成时间应在志留纪,由北西向南东俯冲。

该构造混杂岩带构成了额尔古纳地块与大兴安岭弧盆系间的构造拼合带。

2. 嫩江-黑河推覆构造

该构造单元位于大兴安岭弧盆系与小兴安岭-张广才岭岩浆弧接触部位,总体走向北东,由北西向南东推覆,黑龙江省内分布长度约200km,两侧较宽,在黑河市附近宽25~35km,在嫩江县附近宽50~60km,最窄处宽度小于20km,呈纺锤形。沿新开岭断裂发育,主体位于该构造带南侧,北侧出露较少,在新开岭及嫩北农场地区呈北东向展布,在科洛地区呈南北向及北东向展布,在太平北山及纳金口子地区转为东西向展布,至黑河市南转为北西向,倾向多为北西,局部向南东倾斜。

兴华渡口岩群主要分布于该构造单元东北端,呈残块零星分布,出露面积较小,由含夕线黑云斜长变粒岩、灰绿色角闪斜长片麻岩夹含十字二云石英片岩、透闪透辉大理岩、含铁石英岩、斜长角闪岩及变酸性熔岩组成,其剪切方向与片理、片麻理平行(S1//S2),多为近东西向。

科洛杂岩主要分布于科洛河两岸以及门鹿河上游与嫩江西岸的虻牛窝棚山一带,由斜长角闪岩、黑云斜长片麻岩、黑云斜长变粒岩、浅粒岩等古老表壳岩组成,出露厚度大于1 584.7m,与片麻状花岗岩共生在一起,均遭受了不同程度的糜棱岩化作用。

早—中石炭世构造岩浆混杂岩:主要分布于秀水—新开岭一带,其分布特征受北东向新开岭断裂(带)的控制,由糜棱岩化花岗闪长岩-花岗岩组合、奥长花岗岩-花岗岩组合及二叠纪碱长花岗岩组合组成。

从中—新元古代兴华渡口岩群到早二叠世侵入岩均不同程度发生韧性变形,早—中石炭世侵入岩变形最强烈,形成糜棱岩和初糜棱岩,局部可见超糜棱岩,原岩结构大都被破坏,仅局部保留;早—中侏罗世侵入岩受其构造影响岩石均具糜棱岩化,而早白垩世龙江组、光华组火山岩均未发生变形。该推覆构造带形成时间应在二叠纪,由北向南逆冲。

3. 新林-兴隆-韩家园子韧性剪切带

该构造单元位于兴华渡口岩群、倭勒根岩群、伊勒呼里山群及前晚侏罗世侵入岩内。大致与早寒武世末形成的新林-韩家园子碰撞带相对应,近东西向展布,长约 150km。在兴隆-韩家园子地区南北宽约 60km,是一著名的砂金矿矿集区,已发现岩金矿(化)点多处。该带发育逆冲推覆构造,主要表现为一系列高角度相互叠置的岩片及相伴的糜棱岩带或韧性断层。在韩家园子、兴隆等地均见有兴华渡口岩群叠置于倭勒根岩群、伊勒呼里山群之上。

4. 塔源-四道沟韧性剪切带

该构造单元总体上近东西向展布,长约 150km。剪切带内糜棱岩带走向变化大,既有近东西向的,又有北东向和北西向的。在该剪切带内已发现塔源二支线、四道沟东山小型岩金矿床 2 处,矿(化)点多处。

5. 得尔布干断裂带

该断裂带由内蒙古自治区进入黑龙江省,经碧水镇、塔河县至富拉罕,过黑龙江省进入俄罗斯境内,走向北东(60°～70°),黑龙江省内长度约 240km。断裂带在大西沟林场—跃进林场—富拉罕一线沿坡洛霍里河、呼玛河(卡马兰—塔河县段)、吴家碑河、富拉罕河河谷分布,沿途常见断裂三角面、陡崖、陡坎等。该断裂带多次被北西向断裂切割、破坏,使其产生位移、方位改变。在中生代该断裂带北东段北西盘相对下降,沉积巨厚中侏罗统火山碎屑含煤建造;南东盘相对上升,剥蚀出露加里东期二长花岗岩、兴华渡口岩群。西南段两盘不明显,均由火山岩所覆盖,在塔河一带见有基性岩体出露。该断裂带西侧为强烈升高的线性磁异常,东侧磁异常强度低、无明显走向。重力场在碧水、塔河一带沿该断裂带产生强烈的西南方向扭曲,重力异常走向因过断裂带由近东西向改为北西向。

6. 兴华-塔源断裂带

该断裂带呈北东向由内蒙古自治区延入黑龙江省,经塔源林场、兴华,向北延入俄罗斯境内,总体呈北东—北北东向展布,区内长度为 180km。断裂带的中段与内倭勒根河河谷一致。在航磁图上表现北东向升高的磁场带内,沿断裂带有一系列的局部负异常断续分布,在呼玛北部磁场带明显受东西向构造的干扰而呈近东西向分布;在区域重力场表现为梯级带的北端受东西向构造的影响骤然变为东西向,并有局部负异常沿东西向分布。该断裂带由数条呈北东向展布的逆断层组成。断裂带北西侧地质体为加里东期二长花岗岩、印支期碱长花岗岩、兴华渡口岩群、大网子岩组、光华组等;东南侧为印支期二长花岗岩、多宝山组、安娘娘桥组、泥鳅河组、龙江组等。另外,沿断裂带可见辉长岩体、超基性岩。在断裂带上有韩家园子、兴隆2个砂金矿集中区,已发现岩金矿床1处,矿点多处;在西南部乌奴耳一带,该断裂带控制了海西期矽卡岩型铁多金属矿床的分布,是一条重要的控岩、控矿断裂带。

7. 嫩江断裂带

该断裂带为一条切割上地幔的张性隐伏断裂带,发育在嫩江推覆构造带内,由吉林省延入,向北经嫩江县、卧都河至呼玛县境内,呈北北东向,长度大于300km。总体上看,嫩江断裂带由几条平行断裂所组成,过嫩江县后变为两条断裂。沿线多处被北西向断裂错切并产生位移。断裂带由南向北变窄,宽30~50km。断裂带以嫩江县为界分南、北两段,南段断裂为山地与平原界线。断裂西侧为山区,地形高大陡峻,基岩裸露,分布有各种地质体,属地壳上升区;东侧为平原区,即与松嫩平原接壤,地势低平,属地壳下降区。断裂带两侧重力场不明显,东侧等重力线宽平,西侧重力异常明显增多,推测断裂向东倾,西侧上升、东侧下降,呈阶梯式。断裂带以东航磁为平缓负磁场区,以西为强烈变化的南北向磁异常。断裂带西侧北西向断裂发育,沿断裂发育有中酸性侵入岩、新生代火山岩。

8. 新开岭断裂带

该断裂带走向北东东,北起乌力亚,经727林场、北师河、嫩江农场向南延入内蒙古自治区,为北部大兴安岭弧盆系和小兴安岭-张广才岭岩浆弧的分界断裂。该断裂带由主干断裂和北段旁侧分支断裂所组成。主干断裂北北东向,长约120km,主要沿法别拉河上游段、泥鳅河上游段、北师河发育。断裂带西侧地质体为碱长花岗岩、倭勒根岩群、兴东期花岗岩等;东侧为糜棱岩化花岗岩、二长花岗岩、五道岭组等。沿线多处见玄武岩出露,并见有火山口。在主干断裂北段见旁侧断裂,它们互相平行,间距10km左右,走向北东,长20~40km不等。断裂带所处地形由低到高,呈阶梯状,似叠瓦式构造形式。航磁图上为线形延伸负异常,西北侧为强烈变化的正磁异常区,走向呈北东向或北东东向,东南侧为负异常区,局部异常走向近东西向和南北向。区域重力则表现为大面积区域正背景场中的狭长负异常带。

第五节 地球物理特征

一、区域重力场特征

1. 区域岩石密度特征

根据1:20万区域重力调查成果报告的密度资料统计整理,研究区岩石密度具有如下特点:①正常沉积岩密度常见值为2.50g/cm³,是三大岩类中密度偏低者。沉积岩相对岩石密度有一定影响,一般海相地层与海陆交互相及陆相地层密度偏高。成岩时代越老(或埋深越大)密度值也有增高趋势。②岩浆岩密度变化范围较大,为2.58~2.90g/cm³,有随岩石基性程度增高,密度值增高的特点,这与岩石中铁、镁矿物含量增加有关。③变质岩密度常见值在2.70g/cm³左右。变质岩密度与原岩成分关系密切,岩石经变质作用后,一般较其原岩密度有所增高。

2. 区域重力异常特征

本区范围内的莫霍面界面深度在35～40km之间变化,变化幅度为5km。区域上重力值总体上由东向西递减,布格重力异常变化大,低者不足$-90\times10^{-5}\mathrm{m/s^2}$,高者约$-4\times10^{-5}\mathrm{m/s^2}$,变化幅度达$86\times10^{-5}\mathrm{m/s^2}$。总体为北东向展布的著名的大兴安岭-太行山-武陵山大型重力梯度带的北段。在布格重力异常图(图2-3)上可见如下特征。

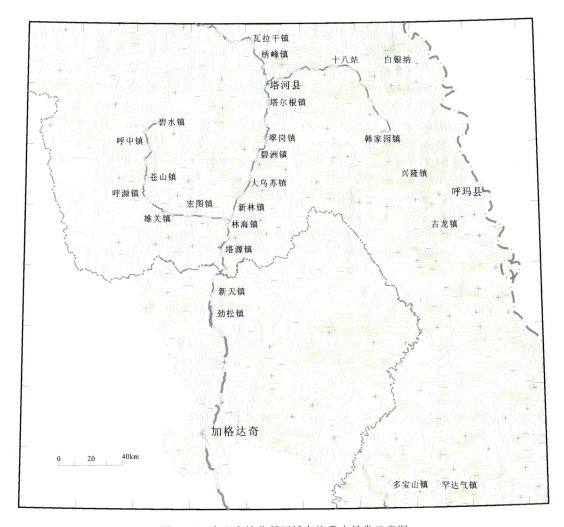

图2-3 大兴安岭北部区域布格重力异常示意图

(1)区内重力场具有分区分带的明显特征。塔河-富拉罕河以东为重力高值区,主要反映十八站隆起特征,该区基底由元古宙变质岩系及同期花岗岩构成,其上盖层不发育,局部凹陷有中生代沉积,规模较大的凹陷为南北向分布的白银纳东坳陷,为早白垩世火山岩盆地,形成明显重力低异常。在其西北侧为一明显重力低值区,周边被同形弯曲的梯度带所环绕,形成低值中心,为上黑龙江断陷盆地的反映。

(2)区内重力异常等值线展布方向在不同异常区方向不同,反映断裂发育程度和方向上的差异。在老地块上有东西向、南北向和北西向3组,以北西向为主,形成较晚。推断得尔布干岩石圈断裂带从本区通过。

(3)塔尔根镇东北为一东西走向的重力高带,异常强度大,等值线呈东西向密集排列,为十八站隆起的一部分,基底主要由元古宇和同期花岗岩组成。

(4)塔尔根-塔源为一条重力高带,其上局部发育有寒武系、石炭系和中生代火山岩盖层。

(5)研究区西部重力低带,为大兴安岭火山岩带的一部分,其基底主要由元古宇和同期花岗岩组成,基底埋深自东向西呈断阶式下降。

(6)塔源铜矿床位于重力低上,推断重力低由碱长花岗岩体引起,推断与其毗邻的两个重力高由隐伏或半隐伏元古宇和辉长岩共同引起。

二、航磁异常特征

前人在大兴安岭地区对岩(矿)石的磁性做了大量的研究工作,对不同岩性及矿化标本进行了磁性参数的测定,本研究对收集到的前人磁性资料进行了系统的总结,具有以下特征:

在侵入岩中超基性—基性岩磁性最强,平均磁化率6880×10^{-5}SI;中性岩磁性中等,平均磁化率2400×10^{-5}SI;酸性岩磁性普遍较弱,平均磁化率900×10^{-5}SI。在喷出岩类中基性火山岩磁性最强,平均磁化率3600×10^{-5}SI;中性火山岩磁性中等,平均磁化率1000×10^{-5}SI;酸性火山岩磁性普遍较弱,平均磁化率360×10^{-5}SI。沉积岩类的磁性较弱,平均磁化率100×10^{-5}SI,绝大多数砂砾岩、砾岩、砂岩、粉砂岩等均为低磁性或无磁性。变质岩类磁性较沉积岩类稍强,平均磁化率100×10^{-5}SI,但磁铁石英岩、硅化蚀变岩、褐铁矿化蚀变岩和黄铁矿化蚀变岩等蚀变岩的磁性较强。

研究区内航磁场北部以平缓负场为背景,反映无磁性地层及老花岗岩基底特征,中部、南部以负背景场叠加正磁场或杂乱磁场为特征,反映岩浆经过多次活动,形成多种类型的磁场。两条北东向的中生代火山岩带分割出3个磁异常区。在三连山—长缨镇—面包山一线为一条北东向中生代火山岩带,宽约30km,磁场较强且杂乱,梯度不大,为中基性火山岩带。在呼玛县旁开门—旗西山—大子杨山一线为一条北东向中生代火山岩带,宽50km左右,磁场较强且杂乱,梯度变化大,为中基性火山岩带。在两带之间磁场较杂乱,梯度变化较大。少数异常反映侵入岩体或岩脉的特点,磁场较平缓。该区以近东西向构造为主,夹杂北东向和北西向构造。该区中基性火山岩体磁性较强,有些中性火山岩磁性和基性火山岩磁性相当,有些超过基性火山岩,说明中性火山岩中剩磁较强。平缓负磁场为无磁或弱磁地层。呼玛县旁开门—旗西山—大子杨山一线以南,构造以东西向、北东向为主,南北向次之,异常呈团块状、带状,主要为侵入岩。在嫩江县以北、以东地区有大面积中基性火山岩杂乱磁场,为中生代火山岩。多宝山镇附近有两个环状异常,由闪长岩体引起,磁性较强,有很多矿体与该闪长岩体有关,如嫩江县三矿沟铜矿、嫩江县多宝山铜钼矿、嫩江县铜山铜矿等,为后期沿多宝山组环状断裂多期侵入的闪长岩(图2-4)。

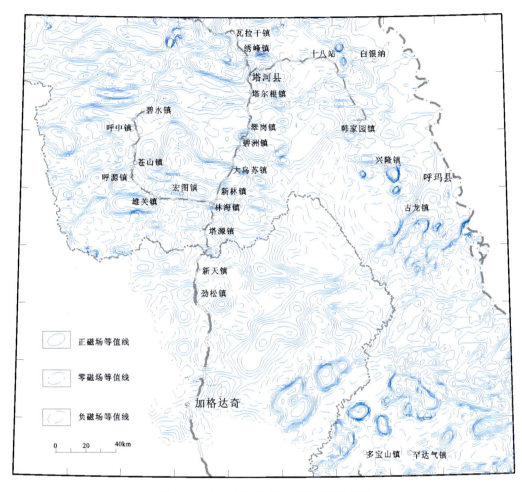

图2-4 大兴安岭北部航磁等值线示意图

第六节 区域地球化学特征

一、区域元素地球化学参数特征

研究区可划分两个地球化学亚景观区,西部塔源等大部分地区属中低山森林沼泽景观区,地表被大量的植被覆盖,沟谷切割深,海拔一般在500~1200m之间,植被一般为针叶、阔叶混交林。沟谷中沼泽发育,水系沉积物以碎屑物质为主,并夹有较多的有机质,山坡土壤层发育,物理风化、化学风化及生物风化作用均较强。区内大面积分布花岗岩、中酸性火山岩、正常碎屑沉积岩,由于土壤层发育较厚,很少有基岩裸露。东部黑龙江沿岸属低山丘陵森林沼泽景观区,海拔一般在350～500m之间,地形起伏小,山脊宽缓,基岩出露少,水系不甚发育,沼泽较多,在二、三级水系中有水系碎屑沉积物,地势较高处土壤层的厚度不大。

从表2-4中可以看出,区内Mo元素的背景值明显比全国水系沉积物平均值高,Au、Bi、Cu、Hg、Sb、Sn和W等元素明显低于全国平均值,Ag、Pb、Zn和As等元素均值与全国平均值相近。As、Au、Cu、Mo和Sb等元素的变异系数大于0.5,其余元素变异系数小于或等于0.5。

表2-4 大兴安岭北部12种元素背景值

元素	大兴安岭北段					全国			
	中位数	几何平均值	算术平均值	方差	变异系数	中位数	几何平均值	算术平均值	异常下限
Ag	71.20	78.6	78.4	35.7	0.5	77.0	80.9	93.8	150.0
As	8.00	10.1	10.2	7.3	0.7	10.0	10.1	13.3	30.0
Au	0.60	0.7	0.7	0.4	0.6	1.3	1.4	2.0	2.0
Bi	0.21	0.2	0.2	0.1	0.4	0.3	0.3	0.5	0.6
Cu	9.20	11.3	11.2	7.0	0.6	21.8	21.6	25.6	25.0
Hg	23.06	25.0	25.0	9.5	0.4	36.1	35.9	69.1	40.0
Mo	1.29	1.6	1.6	1.0	0.6	0.8	0.9	1.1	3.5
Pb	23.40	24.6	24.6	7.8	0.3	23.5	24.9	29.2	40.0
Sb	0.44	0.6	0.6	0.4	0.7	0.7	0.8	1.4	1.0
Sn	2.10	2.3	2.3	0.9	0.4	3.0	3.2	4.1	4.0
W	1.40	1.5	1.5	0.8	0.2	1.8	2.0	2.7	3.0
Zn	60.92	63.6	62.9	27.1	0.4	70.0	69.6	77.2	120.0

注:Au、Ag和Hg元素含量单位为$\times 10^{-9}$,其他元素含量单位为$\times 10^{-6}$。资料引自迟清华《应用地球化学元素丰度数据手册》,1997年版。

晚寒武世—早奥陶世侵入岩Sb、Zn、Au、W、Ag、Mo、Ag、Sn元素富集,Cu、As元素发生了贫化,Cu、W、Bi元素分异较强,Au、As、Sb元素分异中等,Pb、Ag、Hg、Sn、Zn元素分异较弱。

晚三叠世—早侏罗世侵入岩W、Mo、Bi、Sn等元素富集,As、Hg、Cu等元素贫化,Bi、Sn、Cu为强分异元素,Ag、Pb、Zn、Sb、As为弱分异元素,反映了该期岩体总体富含钨、钼族元素。

中—新元古界兴华渡口岩群Sn、W元素富集,Hg元素贫化,其他元素与全域背景相当,说明该地质体遭受了长期变质作用。Cu、As元素分异较强,Au、Zn、Hg、Sn、Mo、Sb、W元素分异中等,其他元素分异较弱。

侏罗系塔木兰沟组主要有Mo、Au、Zn、Cu元素富集,Hg元素贫化,其他元素与背景相当。Hg元素分异较强,As、Sb元素为分异中等,其他元素分异较弱。

侏罗系正常沉积岩区,Au、Sb、As、Hg等元素富集,没有贫化元素和强分异元素,Au、W、Sb、Bi、Cu、As、Hg元素分异中等,其他元素分异较弱。

白垩纪火山岩区 W、Mo 等元素富集，Hg 元素贫化，其他元素与背景相当。强分异元素有 Bi、As、Cu，中等分异元素有 Au、Hg、Mo、Sb，其他元素分异较弱。

由以上的讨论可以看出，Au、Ag、Cu、Pb、Mo 等元素在多种地质体中发生了富集，其分异程度也处于强分异—中等分异的水平，是本区较有成矿远景的元素。

二、主要构造单元元素分布特征

Au 的强异常区：异常区零星分布于全区，强异常区分布于马伦、八里湾、韩家园、碧洲、大乌苏镇和大乌苏河上游地段，其中马伦强异常区反映了马伦金矿点，韩家园强异常区是韩家园金矿及其附近铁矿点的反映，碧洲强异常区是碧洲铜矿点的反映，大乌苏镇及大乌苏河上游强异常区分布于倭勒根岩群变质岩中，其成矿条件较好。

Ag 的强异常区：异常区主要分布在研究区塔源镇西部，宏图镇—小玻勒山一带，塔源镇西部强异常区为塔源二支线铅锌铜多金属矿的反映，分布面积较大，与大片分布的下白垩统白音高老组相对应。

As、Sb、Hg 元素的空间分布特征较为相似，弱异常—强异常区大片分布于研究区北部，与侏罗纪碎屑沉积岩关系密切，低背景—极低值区与大片的寒武纪—奥陶纪侵入岩对应较好。

Cu、Pb、Zn 元素分布特征基本一致，强异常区分布于塔源二支线、碧洲、大乌苏、马林林场西等地，分别与塔源二支线铅锌铜多金属矿床、碧洲铜矿点、小柯勒河铜钼矿床和马林西多金属矿点相对应。

W、Sn、Mo、Bi 元素特征，在十八站、新华地区，表现为低背景—极低值区，与老侵入岩地质背景相对应，背景—高背景区与下白垩统白音高老组、中—新元古界兴华渡口岩群的分布相对应。在塔源地区 W、Mo、Bi 元素的分布规律性不强，以高背景—异常区为主，Sn 元素的高背景—异常区分布主要与白垩系光华组的分布相对应，低背景与低值区的分布，主要与老的侵入岩相对应。大乌苏镇异常区的分布与倭勒根岩群相对应。

第七节 区域矿产及成矿系列的划分

研究区位于大兴安岭成矿省东乌珠穆沁旗-嫩江 Cu - Mo - Pb - Zn - W - Sn - Cr 成矿带内，构造-岩浆活动强烈，尤以中生代岩浆侵入和火山活动最为强烈，形成了金、铜、铅、锌、钼、铁等金属矿产，具有成矿地质条件优越、成矿期次多、成矿强度大、矿床类型多等特点。截至 2019 年底，区内有大型矿床 4 处，中型矿床 7 处（岩金矿 1 处、有色金属矿 2 处、钛铁矿 1 外、非金属矿 2 处），小型矿床 11 处（岩金矿 7 处、有色金属矿床 3 处），矿种主要为铜、钼、铁、钨、银、金等。

矿床类型以斑岩型矿床、矽卡岩型矿床、浅成低温热液型矿床为主，零星分布岩浆型矿床和岩浆热液脉型矿床。成矿时代主要有加里东中—晚期、海西早期、燕山中期和燕山晚期，主要矿产详细信息见表 2 - 5。

表 2-5 研究区内主要矿产信息一览表

编号	矿床名称	矿种	规模	控矿地质体	年龄/Ma	成矿时代	矿床类型
1	岔路口钼矿	Mo	大型	花岗斑岩($J_3K_1\gamma\pi$)	146.96(Re-Os)	J_3—K_1	斑岩型
2	多宝山铜钼矿	Cu、Mo	大型	花岗闪长岩、花岗闪长斑岩及多宝山组($O_{1-2}d$)	479.5(U-Pb)	O_{1-2}	斑岩型
3	铜山铜矿	Cu	大型	花岗闪长岩、花岗闪长斑岩及多宝山组($O_{1-2}d$)	479.5(U-Pb)	O_{1-2}	斑岩型
4	三道湾子金矿	Au、Te	大型	光华组(K_1gn)	140.8(K-Ar)	K_1	浅成低温热液型
5	争光金矿	Au	中型	闪长岩(J_1)	182(K-Ar)	J_1	破碎蚀变岩型
6	天望台山金矿	Au	中型	光华组(K_1gn)	121.9～116.9(U-Pb)	K_1	浅成低温热液型
7	小柯勒河铜钼矿	Mo	中型	花岗斑岩($J_3K_1\gamma\pi$)	147.3(Re-Os)	J_3—K_1	斑岩型
8	滨南林场钼矿	Mo	中型	二长花岗岩(T_3—J_1)		T_3—J_1	斑岩型
9	旁开门金银矿	Au	中型	甘河组(K_1g)	112.5(U-Pb)	K_1	浅成低温热液型
10	塔源二支线铅锌铜矿	Pb、Zn、Cu	中型	闪长岩($K_1\delta$)、新伊根河组(C_3x)	321.9～316.5(U-Pb)	K_1	矽卡岩型
11	碧水铅锌矿	Pb、Zn	中型	光华组(K_1gn)		K_1	浅成低温热液型
12	大黑山钼矿	Mo	中型	花岗闪长岩($J_3K_1\delta\gamma$)	146.9(U-Pb)	J_3—K_1	斑岩型
13	北西里钛铁矿	Ti、Fe	中型	辉长岩、蛇纹石化橄榄岩、辉橄岩(O_1—S_1)		O_1—S_1	岩浆型
14	古利库金矿	Au	小型	光华组(K_1gn)	126	K_1	浅成低温热液型
15	兴安桥铁矿	Fe	小型	兴安桥岩组($Pt_{2-3}xa.$)、BIF建造		Pt_{2-3}	沉积变质型
16	黑龙沟-瓦拉里金矿	Au	小型	碱长花岗岩(K_1)		K_1	岩浆热液脉型
17	十七站硫铁矿	S、Fe	小型	二长花岗岩(ϵ_3—O_1)		ϵ_3—O_1	岩浆热液脉型
18	四道沟东山金矿	Au	小型	碎裂碱长花岗岩和花岗闪长斑(K_1)		K_1	岩浆热液脉型

续表 2-5

编号	矿床名称	矿种	规模	控矿地质体	年龄/Ma	成矿时代	矿床类型
19	二十四号桥金矿	Au	小型	白岗质花岗岩(K_1)	157～181	J_3	岩浆热液脉型
20	三卡乡宽河金矿	Au	小型	光华组(K_1gn)		K_1	岩浆热液脉型
21	宽河后沟金矿	Au	小型	光华组(K_1gn)		K_1	岩浆热液脉型
22	环宇铅锌矿	Pb、Zn	小型	大网子岩组大理岩与燕山中期花岗岩		J_3	矽卡岩型
23	塔源二支线金（银）矿	Au、Ag	小型	白音高老组(K_1by)		K_1	浅成低温热液型
24	跃铁山钛铁矿	Ti、Fe	小型	辉长岩、蛇纹石化橄榄岩、辉橄岩(O_1—S_1)		O_1—S_1	岩浆熔离型
25	三矿沟铁铜矿	Fe、Cu	小型	花岗闪长岩(T_3—J_1)	184～172	T_3—J_1	矽卡岩型
26	关鸟河钨矿	W	小型	二长花岗岩(T_3)	208(U-Pb)	T_3	矽卡岩型
27	北大沟金矿	Au	小型	塔木兰沟组($J_{2-3}t$)		J_{2-3}	浅成低温热液型

研究区内尽管也有岩浆型矿床和沉积变质型矿床等其他类型矿床，但这些矿床不仅数量少，而且规模也主要为中小型，工业意义相对较小。而与不同时期岩浆活动有关的热液型矿床，不仅分布时代广、矿床规模大、数量众多，而且工业意义最为重要，是本区找矿主要的主攻矿床类型。按照这些矿床形成的时代和主要成矿作用的不同，本书将研究区内与岩浆活动有关的热液金属矿床（点）划分为加里东期（早古生代）斑岩-矽卡岩型铜（钼）矿成矿系列，晚古生代矽卡岩-斑岩型铅、锌、铜、铁矿成矿亚系列和火山-沉积型铁（锌）、铜矿成矿亚系列、燕山早期矽卡岩-斑岩-脉型铁、铜、钼、钨、铅、锌矿成矿亚系列、燕山中期斑岩-脉型钼、铜、铅、锌矿成矿亚系列和燕山晚期浅成低温热液型金、银矿成矿亚系列。

1. 加里东期斑岩-矽卡岩型铜（钼）矿成矿系列

该成矿系列位于多宝山-三矿沟构造带上，该带是黑龙江省最主要的铜矿储量集中区，该成矿系列中主要有多宝山和铜山两个大型铜钼矿床，形成于早—中奥陶世岛弧环境，分布于多宝山火山弧内，多宝山组（$O_{1-2}d$）中 Cu、Mo、Au 元素丰度较高，为区域成矿的初始矿源层。早—中奥陶世花岗闪长岩、花岗闪长斑岩为成矿母岩。典型矿床包括多宝山铜矿床、铜山铜矿床和小多宝山铜钼矿床。

2. 晚古生代与海底火山热液及岩浆活动有关的成矿系列

1)晚古生代矽卡岩-斑岩型铅、锌、铜、铁矿成矿亚系列

该成矿亚系列位于额尔古纳地块与大兴安岭弧盆系间的构造拼合带内，目前该成矿亚系列发现的矿床有塔源二支线铅锌铜矿床、梨子山铁钼多金属矿床等。塔源二支线晚石炭世闪长岩($C_3\delta$)侵入上石炭统新伊根河组(C_3x)，在接触带发生交代作用，形成矽卡岩型铅锌铜矿体。稍晚有花岗闪长斑岩侵位，形成斑岩型铜钼矿化体的叠加。典型矿床主要有塔源二支线铅锌铜矿床和梨子山铁钼多金属矿床。

2)晚古生代火山-沉积型铁(锌)、铜矿成矿亚系列

该成矿亚系列主要发育于边缘海盆地内，富矿围岩为二叠纪火山沉积岩。典型矿床包括六一牧场硫铁矿矿床、谢尔塔拉铁锌矿床和三根河铜矿床。

3. 燕山期与中酸性岩浆活动有关的铜、钼、金、银矿成矿系列

该成矿系列成矿以铜、钼、金为主，伴有铅、锌，形成了以铜、钼、金、银为主的成矿系列，可进一步划分为以下 3 个亚系列。

1)燕山早期矽卡岩-斑岩-脉型铁、铜、钼、钨、铅、锌矿成矿亚系列

该成矿亚系列位于多宝山-三矿沟构造带上，主要典型矿床包括乌奴格吐山铜钼矿床、翠宏山铁钨钼矿床、鸟河式钨矿床、三矿沟式铜铁矿床、滨南林场钼矿床和争光金矿床。在滨太平洋陆缘岩浆弧环境，晚三叠世—早侏罗世二长花岗岩与铜山组($O_{1-2}t$)侵入接触，在接触带进行交代作用形成鸟河式矽卡岩型钨矿床和三矿沟式矽卡岩型铜铁矿床；浅成花岗斑岩侵入，含钼热液蚀变形成滨南林场式斑岩型钼矿床；早侏罗世闪长岩与多宝山组($O_{1-2}d$)侵入接触，萃取部分金成矿物质，含金热液充填于构造破碎带内形成争光式破碎蚀变岩型金矿床。

2)燕山中期斑岩-脉型钼、铜、铅、锌矿成矿亚系列

该成矿亚系列位于额尔古纳地块与大兴安岭弧盆系间的构造拼合带内，晚侏罗世—早白垩世以强烈的火山喷发和岩浆侵入作用为主，形成了一系列北东走向大小不等的火山-沉积断陷盆地与浅成—超浅成侵入岩体，为本区大规模成矿的主要时期。该时期形成了一系列与浅成—超浅成侵入岩体有关的大型—超大型有色金属矿床，如岔路口钼矿床、大黑山斑岩型钼矿床、小柯勒河斑岩型铜钼矿床等。

3)燕山晚期浅成低温热液型金、银矿成矿亚系列

该成矿亚系列主要集中在多宝山岛弧和呼玛弧后盆地内，代表性矿床有天望台山金矿床、旁开门金矿床、古利库金银矿床、四五牧场金(铜)矿床和额仁陶勒盖银矿床等，产于火山-沉积盆地中或盆地周边环境，矿体分布在火山机构及附近断裂裂隙和破碎带中。矿床类型主要为浅成低温热液型金矿床。

第三章　加里东期斑岩-矽卡岩型铜(钼)矿成矿系列

　　大兴安岭北段加里东期斑岩-矽卡岩型铜(钼)矿成矿系列以多宝山铜矿床、铜山铜矿床为代表。古亚洲洋演化时期，受洋陆俯冲作用的影响在多宝山地区发育火山岛弧，形成了铜山组火山碎屑浊积岩与多宝山组以中性—中酸性为主的钙碱性火山喷发岩，形成了与火山喷发活动大致同期的岛弧型花岗杂岩。该期侵入的花岗闪长岩、花岗闪长斑岩构成了多宝山斑岩型铜矿的含矿母岩。

第一节　成矿条件

　　多宝山铜矿、铜山铜矿均产于多宝山矿田中，铜山铜矿位于多宝山铜矿东南约 4km 处(图 3-1)。多宝山矿田的大地构造位置处于天山-兴蒙造山带大兴安岭褶皱带与小兴安岭优地槽隆起带耦合部位的扎兰屯-多宝山岛弧带，其北侧为海拉尔-呼玛弧后盆地，南侧为贺根山-黑河蛇绿混杂带及孙吴上叠构造盆地的西北段。

　　多宝山矿田出露的地层主要为下—中奥陶统铜山组和多宝山组。铜山组下部为安山岩和中性凝灰岩，中部以灰—紫灰色凝灰质砂砾岩、含磁铁矿砂砾岩和含磁铁矿石英砂岩为主，夹凝灰质砂岩、结晶灰岩透镜体。上部由紫灰—灰紫色凝灰质砂砾岩、含磁铁矿长石砂岩、含赤铁矿粗砂岩、含磁铁矿砂砾岩和粗砂岩，以及灰绿色千枚岩、石英长石砂岩、钙质细砂岩等组成。多宝山组整合覆盖于铜山组之上，是一套以中性火山岩为主的夹有少量中酸性火山岩和火山-沉积岩的海相火山岩系。下部为灰绿色中性凝灰岩与中性角砾凝灰岩呈互层产出，夹有板岩和凝灰质粉砂岩；中部为灰绿色中性凝灰岩，沿走向有时相变为中性含角砾凝灰岩，夹有灰绿色碎斑安山岩和安山岩；上部为灰绿色凝灰质砂岩，灰绿色、灰紫色凝灰质砂砾岩及泥质粉砂岩等，夹有杏仁状安山岩和结晶灰岩透镜体。矿区范围内尚零星出露有上奥陶统裸河组、爱辉组。主要岩性为中酸性凝灰岩，深灰色、灰绿色泥质粉砂岩，灰白色大理岩和灰色凝灰质砂岩，产有三叶虫及腕足类化石。

　　矿田内的主要构造包括多宝山复式倒转背斜、北西向弧形构造带，以及北东向、南北向和东西向 3 组断裂。多宝山复式倒转背斜分布范围西北起自报捷，向东南经过小多宝山、多宝山直到铜山矿床东南侧，轴线方向为 300°～310°。轴部出露的最老地层为铜山组和多宝山组第一段和第二段，两翼为上奥陶统裸河组、爱辉组，下志留统黄花沟组，中志留统八十里小河组，上志留统卧都河组和顶志留统—中泥盆统泥鳅河组，还有少量其他泥盆系。北西向弧形构造带西北起自报捷，经小多宝山向东南延至铜山东南，基本上与矿区范围相吻合。该构造带由北西向弧形分布的地层、侵入体、断裂带、片理化带、蚀变带和矿带组成。北西向片

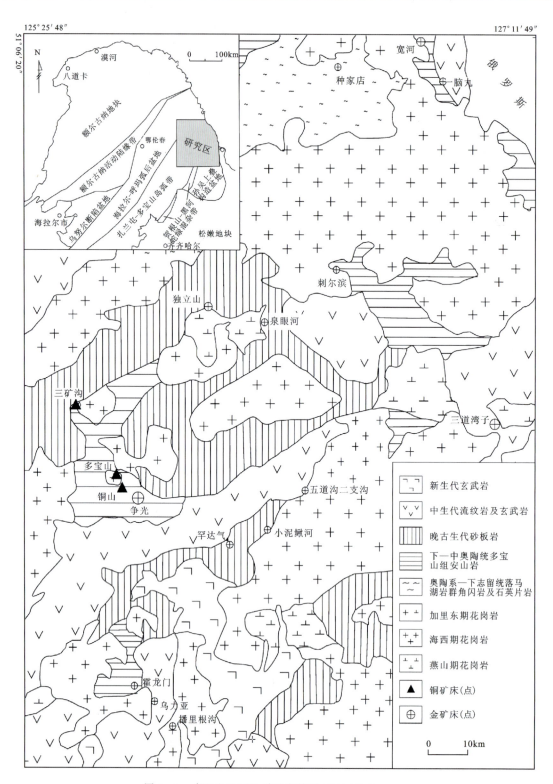

图 3-1 多宝山地区地质矿产简图(据赵忠海等,2012)

理化带往往与北西向弧形带紧密共生，所形成的一些透镜状片理化带呈雁行状叠加在北西向弧形断裂带上，这些透镜状片理化带在平剖面上呈雁行状右形斜列。它们往往控制着矿区的强绢云母化带以及条带状和透镜状矿体，其扭动方向与北西向弧形构造带的扭动方向相同。多宝山矿区位于多宝山倒转背斜靠近轴部处的北西向与北东向断裂交会部位。矿体群主要受北西向片理化带控制，呈雁行排列。各矿体群间首尾不相接，在每个矿体群中，由多条平行及首尾相连的矿体组成，反映控制矿体的成矿前构造原属压扭性，在成矿阶段由于断裂沿走向变化及受北东向断裂的影响，使其显张扭性，有利于矿体就位。

多宝山矿区出露的侵入岩主要有花岗闪长岩、花岗闪长斑岩、斜长花岗岩及少量的闪长岩脉和闪长玢岩脉，其中花岗闪长岩出露面积较大，是主要的赋矿围岩。铜山矿区的侵入岩类型主要为地表出露的英云闪长岩和隐伏的花岗闪长岩。前者无矿化出现，可能与成矿无关；后者隐伏于地下，仅在岩芯中见到，发育较强烈的蚀变和矿化，为铜山矿床的成矿岩体。

第二节 主要矿床类型及特征

大兴安岭北段加里东期斑岩型铜矿成矿系列以斑岩型铜矿床为主，伴有少量脉状铜矿床，其中多宝山、铜山是代表性的斑岩型铜矿床，其主要特征列于表3-1。

表3-1 大兴安岭北段加里东期斑岩型铜矿床地质特征

代表性矿床	多宝山铜矿	铜山铜矿
赋矿围岩	花岗闪长岩、绢云母化安山岩	绿泥石化绢云母化安山岩、花岗闪长岩
矿体形态	透镜状、脉状、扁豆状	脉状、囊状、不规则状
金属矿物	黄铁矿、黄铜矿、斑铜矿、辉钼矿、闪锌矿、方铅矿	黄铜矿、斑铜矿、孔雀石、蓝铜矿、辉钼矿、磁铁矿、赤铁矿、闪锌矿
非金属矿物	石英、绢云母、绿泥石、绿帘石、方解石和铁白云石	石英、钾长石、绿帘石、方解石、铁白云石
矿石构造	细脉状构造、浸染状构造	脉状构造、浸染状构造
矿石结构	半自形—他形粒状结构、交代残余结构、填隙结构	他形粒状结构、固溶体分离结构、交代残余结构、填隙结构
围岩蚀变类型	石英-钾长石化、绢云母化、青磐岩化	硅化、钾化、绿帘石化和少量碳酸盐化
成矿阶段	Ⅰ石英-钾长石阶段；Ⅱ石英-辉钼矿阶段；Ⅲ石英-黄铜矿阶段；Ⅳ石英-碳酸盐阶段	Ⅰ石英-钾长石阶段；Ⅱ石英-绿帘石-黄铜矿阶段；Ⅲ石英-多金属硫化物阶段；Ⅳ石英-方解石-铁白云石阶段

一、多宝山铜矿床

多宝山铜矿床主要由4个矿带共215个矿体组成(图3-2)。其中主矿体有14个,以3号矿带Ⅹ号矿体规模最大,占矿床总储量的73%以上。

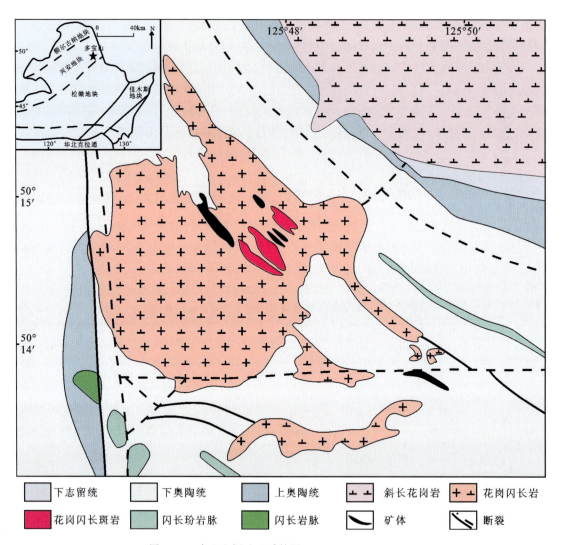

图3-2 多宝山铜矿地质简图(据向安平等,2012修改)

1号矿带由Ⅰ～Ⅵ号主矿体和69个从属矿体组成,赋存于绿泥石化花岗闪长岩体内。自东南 D18 线,向北西至 D110 线,断续长 2300m,分布宽度 100～400m 不等。矿体赋存标高 570～−450m,由 D30 线至 D112 线矿体断续出露地表。矿带走向310°左右,倾角62°～70°。矿体呈小透镜状及似层状沿走向及倾向分支尖灭。其中Ⅳ号矿体规模较大,连续长 850m,最大厚度 200m。在 D54 线沿倾向延深大于 800m,倾角75°,赋存标高 570～−450m,在 D46 线矿体较厚,最大连续厚度 116m。

2号矿带由Ⅶ号、Ⅷ号、Ⅸ号3个主矿体和78个从属矿体组成,赋存于花岗闪长岩的绢云母化带内,自南东D6线,向北西至D50线,断续长约1000m,厚几十米到80余米,沿倾向延深650m。在D34线至D46线间出露地表。矿体赋存标高522～-100m。矿带走向北西西,倾向南西,倾角70°左右。矿体呈透镜状及条带状。其中Ⅷ号矿体规模稍大,长600m,最大厚度86m,延深414m。

3号矿带由Ⅹ号矿体和46个从属矿体组成。矿体规模较大,主要赋存在花岗闪长岩的绢云母化带和黑云母化亚带内。其次赋存于蚀变安山岩、混杂岩和石英-钾化花岗闪长斑岩中。从属矿体位于主矿体上、下盘。Ⅹ号矿体为一大型透镜状矿体。在D58线更长花岗岩南侧,由D58线向东南插入花岗闪长斑岩中。矿体连续长1400m,赋存标高540～-500m,已控制连续延深900m以上,矿体向北西向侧伏。

4号矿带由Ⅺ～ⅩⅣ号4个主矿体和8个从属矿体组成,位于多宝山矿床东南部,自D1010线至D30线。矿带长800m左右,宽300m左右,延深650m以上,为一埋藏不大的盲矿体群。矿体赋存标高494～-180m。矿带走向310°～325°,倾角60°～65°,矿体呈透镜状和扁豆状,向两侧沿走向变薄,分支尖灭。矿体赋存在花岗闪长岩的绿泥石化绢云母化和青磐岩化绢云母化蚀变带中,最大的Ⅺ号矿体长500m,最大厚度38m,延深650m,倾角68°左右。

矿石矿物主要有黄铁矿、黄铜矿、斑铜矿和辉钼矿,在花岗闪长岩和安山岩中均有发育,局部有闪锌矿、方铅矿,脉石矿物主要有石英(至少有两个阶段)、绢云母、绿泥石、绿帘石、方解石和铁白云石。矿石构造主要为细脉-浸染状构造。矿石结构有半自形—他形粒状结构、交代残余结构、填隙结构等(图3-3)。

多宝山矿床具有类似斑岩型矿床的蚀变类型和蚀变分带,以北西向构造或花岗闪长斑岩体为中心向外依次发育石英-钾长石化、绢云母化、青磐岩化等,蚀变带总体呈线状或椭圆形。

根据矿物组合和脉体穿插关系,可将多宝山矿床的成矿划分为4个阶段:Ⅰ石英-钾长石阶段;Ⅱ石英-辉钼矿阶段;Ⅲ石英-黄铜矿阶段;Ⅳ石英-碳酸盐阶段。其中第Ⅱ、第Ⅲ阶段为主成矿阶段。

二、铜山铜矿床

铜山铜矿床由4个主矿体和77个从属矿体组成,可以划分为4个矿体群(图3-4)。

铜山断层上盘Ⅰ号矿体群主要赋存在多宝山组绿泥石化绢云母化安山岩及安山质火山碎屑岩中。矿体群由Ⅰ号矿体和25个从属矿体组成,全长1000m,分布宽度23～240m,矿体群倾向215°,倾角71°,向南东侧伏,侧伏角30°。

铜山断层上盘Ⅱ号矿体群主要产在铜山断层上盘绿泥石化绢云母化安山岩及安山质火山碎屑岩中,矿体西部出露地表,矿体群由Ⅱ号主矿体和27个从属矿体组成,长1500m,宽170～383m,总体走向北西306°。矿体群向南东沿弧形带展布,走向由北西306°转为316°,总体倾向216°～226°,倾角69°,向南东侧伏,侧伏角约30°。断层下盘的矿体群,主体部分尚未控制,现仅控制其一小部分,控制部分由Ⅱ号主矿体和5个从属矿体组成,矿体产在绿泥

图 3-3 多宝山矿床矿石特征

a.安山岩裂隙面上的辉钼矿;b.安山岩中伴生的黄铜矿和辉钼矿;c.花岗闪长岩与安山岩接触界面上的黄铜矿化;d.含辉钼矿的烟灰色石英脉和无矿石英脉;e.石英脉中的辉钼矿细脉;f.石英脉中的细粒黄铜矿;g.黄铜矿交代黄铁矿;h.半自形立方体黄铁矿。图 e-h 为反射光图像。图中代号:Mot.辉钼矿;Ccp.黄铜矿;Py.黄铁矿;Q.石英

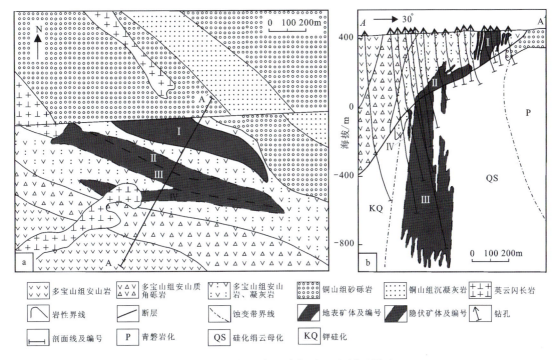

图 3-4 铜山铜矿床地质简图(a)和剖面图(b)

石化绢云母化安山岩及安山质火山碎屑岩中,已控制的长度400m,向东未控制,已控制的宽度约107m,矿体群倾向180°,倾角78°。

Ⅲ号矿体群产于铜山断层下盘蚀变的花岗闪长岩内,矿体群由Ⅲ号主矿体和18个从属矿体组成,分布在D1056线到D1112线之间,全长大于1140m,分布宽度30~266m,赋存标高356m~-862m,矿体群倾向180°,倾角80°。

Ⅳ号矿体群位于Ⅲ号矿体上盘附近,由Ⅳ号主矿体和5个从属矿体组成,长255m,宽9m,赋存标高-77~-470m,倾向180°,倾角79°。

矿石矿物主要有黄铜矿、斑铜矿、孔雀石、蓝铜矿、辉钼矿、磁铁矿等,另有少量赤铁矿、闪锌矿,脉石矿物有石英、钾长石、绿帘石、方解石、铁白云石等。矿石构造主要为脉状构造和浸染状构造,矿石结构有他形粒状结构、固溶体分离结构、交代残余结构、填隙结构等(图3-5)。

铜山矿床的围岩蚀变类型与典型的斑岩型矿床类似,主要为硅化、钾化、绿帘石化和少量碳酸盐化,钾化带岩石可见塑性变形。硅化-钾长石化带规模较小,绢云母化带发育较弱,绿帘石化发育较普遍,显示出面型蚀变特征。据矿物共生组合和矿脉穿插关系,可将铜山铜矿床的成矿作用过程大致划分为4个阶段:Ⅰ石英-钾长石阶段;Ⅱ石英-绿帘石-黄铜矿阶段;Ⅲ石英-多金属硫化物阶段;Ⅳ石英-方解石-铁白云石阶段。

图 3-5 铜山铜矿的矿石特征

a. 安山岩裂隙面上的石英-黄铜矿; b. 石英-黄铁矿-斑铜矿脉; c. 安山岩裂隙面上的孔雀石化; d. 安山岩表面的蓝铜矿化; e. 黄铜矿与辉钼矿伴生; f. 黄铜矿穿插交代黄铁矿; g. 黄铜矿呈格子状分布于斑铜矿中; h. 黄铜矿、铜蓝充填于非金属矿物空隙中; i. 黄铜矿、磁铁矿和赤铁矿; j. 细粒浸染状赤铁矿; k. 闪锌矿中出溶黄铜矿; l. 浸染状黄铜矿(图 f~l 为反射光图像); Py. 黄铁矿; Ccp. 黄铜矿; Bn. 斑铜矿; Cv. 铜蓝; Mag. 磁铁矿; Hem. 赤铁矿; Sp. 闪锌矿

第三节 成矿岩体特征及成岩成矿时代

一、成矿岩体地质及岩相学特征

多宝山矿区发育的侵入岩有花岗闪长岩、花岗闪长斑岩、二云母二长花岗岩、闪长岩脉和闪长玢岩脉。其中花岗闪长岩是主要的赋矿围岩,该岩体侵入于多宝山组之中,向南西倾,向下有膨大的趋势,延深约 500m。花岗闪长斑岩出露于花岗闪长岩之中,其中仅见少量矿化,但发育有较强烈的蚀变作用。花岗闪长岩和花岗闪长斑岩体受北西向弧形构造带控

制,随着弧形带转弯,在转弯处出露宽度明显增大。花岗闪长岩和花岗闪长斑岩有一些分支穿入围岩,围岩也有一些悬垂体穿入岩体内,岩体与围岩的接触界面很不规则,在一些地方形成锯齿状接触界线。二云母二长花岗岩出露范围较小,以岩株形式产出,呈近直立状侵入于安山岩围岩之中。闪长岩和闪长玢岩呈陡倾的岩脉产出,脉壁平直,与围岩的界线较为清晰,在矿区范围内零星出露。

花岗闪长岩新鲜面呈灰白色、浅灰色、灰绿色,细粒—中粒花岗结构。微裂隙发育,局部石英碎裂明显,沿裂隙面多发育有绢云母化、绿泥石化。矿物粒径主要为0.5~3mm。主要矿物组成(质量分数,下同):斜长石40%~50%,钾长石10%~20%,石英20%~25%,角闪石2%~5%,黑云母少许。蚀变矿物主要有绢云母、绿泥石、绿帘石等。绢云母交代斜长石,少数交代黑云母和绿泥石。绿泥石除星散交代斜长石、黑云母外,还呈近平行裂隙脉状交代。黑云母被绿泥石、绿帘石交代。石英-长石裂隙或晶面上发育少量褐铁矿化。副矿物主要有磷灰石、磁铁矿、辉钼矿、黄铜矿(图3-6)。

图3-6 多宝山矿区花岗闪长岩

a.花岗闪长岩与围岩的接触界线;b.花岗闪长岩手标本照片;c、d.花岗闪长岩显微镜下照片(正交光);
Pl.斜长石;Kfs.钾长石;Q.石英;Ser.绢云母

花岗闪长斑岩多被蚀变为淡绿色、灰绿色,该岩体实为似斑状结构,但为与其他文献的论述相对应,本书暂仍沿用"花岗闪长斑岩"的定名。斑晶主要为斜长石,粒径一般1.5~5mm,含量约60%。基质由斜长石、钾长石、石英等组成,多发生绿泥石、绿帘石化蚀变,呈细粒—隐晶质,粒径主要为0.05~0.5mm,总体含量约40%。副矿物见有磷灰石、榍石、磁铁矿、锆石等。该岩体仅在局部见少量矿化(图3-7)。

图3-7 多宝山矿区花岗闪长斑岩手标本(a)及显微镜下照片(b,正交光);
Pl.斜长石;Chl.绿泥石

二云母二长花岗岩颜色呈灰白色、灰黄色,地表岩体多发生了一定程度的风化剥蚀。岩石呈细粒—中粒结构,矿物粒径为0.2~3mm。主要矿物有斜长石(30%)、钾长石(25%)、石英(20%)、白云母(15%)、黑云母(10%)。斜长石和钾长石表面常见细粒鳞片状绢云母化。石英中见有不规则裂纹。副矿物发育有磷灰石及少量锆石(图3-8)。

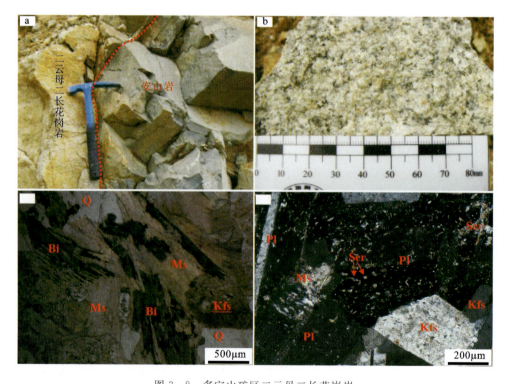

图3-8 多宝山矿区二云母二长花岗岩
a.二云母二长花岗岩与安山岩的接触界面;b.二云母二长花岗岩手标本照片;c、d.二云母二长花岗岩显微镜下照片(正交光);Pl.斜长石;Kfs.钾长石;Q.石英;Bi.黑云母;Ms.白云母;Ser.绢云母

多宝山矿区的闪长岩呈灰绿色、淡绿色,细粒结构,矿物粒径主要为 0.05~1mm。主要矿物组成:斜长石 55%~65%,钾长石 5%~15%,石英 5%~10%,黑云母 5%~15%,角闪石和白云母少量。其中部分斜长石和黑云母发育有绿泥石化,斜长石和钾长石见有绢云母化。副矿物见有磷灰石(图 3-9)。

图 3-9 多宝山矿区闪长岩脉

a. 闪长岩脉的野外照片;b. 闪长岩的手标本照片;c、d. 闪长岩的显微镜下照片(正交光);Pl. 斜长石;
Kfs. 钾长石;Q. 石英;Bi. 黑云母;Ms. 白云母;Chl. 绿泥石;Ser. 绢云母

闪长玢岩斑晶以斜长石为主,斑晶粒径多为 2~5mm,呈椭圆—圆形,似鲕粒结构,其成因有待进一步探讨。基质及斑晶间隙中见有少量绿泥石化和绿帘石化蚀变(图 3-10)。

图 3-10 多宝山矿区闪长玢岩脉

a. 闪长玢岩脉与围岩的接触界线;b. 闪长玢岩手标本照片

铜山矿区地表出露的花岗闪长岩多被风化剥蚀,岩石主要为细粒结构,矿物粒径为0.1~2mm。主要矿物组成:斜长石40%,钾长石25%,石英25%,黑云母5%,白云母5%,及少量角闪石。其中部分斜长石和钾长石发育有绢云母化蚀变,黑云母中见有少量绿泥石化蚀变。副矿物见有细粒磷灰石、榍石和少量磁铁矿(图3-11)。

图3-11 铜山矿区的英云闪长岩手标本(a)及显微镜下照片(b,正交光)
Pl. 斜长石;Kfs. 钾长石;Q. 石英;Ms. 白云母

二、成岩时代

多宝山矿区花岗闪长岩(DBS-7)中的锆石多为短柱状,主要呈自形,少量呈半自形,锆石粒径为80~200μm,长宽比值为(1~2)/1(图3-12)。锆石的Th/U值为0.21~0.72,均有清晰的振荡生长环带,表明其为岩浆成因。$^{206}Pb/^{238}U$年龄平均值为(480.4±2.8)Ma(图3-12),代表了岩石结晶年龄。

花岗闪长斑岩(DBS-18)中的锆石为短柱状,主要呈自形—半自形,锆石粒径为50~150μm,长宽比值为(1~2.5)/1(图3-12)。锆石的Th/U值为0.28~0.75,均有清晰的振荡生长环带,指示其为岩浆成因锆石。$^{206}Pb/^{238}U$年龄平均值为(478.9±3.6)Ma(图3-13),代表了岩石结晶年龄。

二云母二长花岗岩(DBS-8)中的锆石呈长柱状,自形—半自形。锆石粒径变化于70~180μm之间,长宽比值为(1~1.5)/1(图3-12)。锆石的Th/U值为0.57~1.25,大部分锆石具有明显的振荡环带,指示其为岩浆成因锆石。在谐和图中,测试数据投点落入谐和线的下方,表明锆石可能发生了一定程度的铅丢失。其中15个测点的$^{206}Pb/^{238}U$年龄值较为集中,平均值为(232.3±2.5)Ma(图3-13),可以认为该年龄大致代表了二云母二长花岗岩的结晶年龄。

锆石U-Pb定年结果表明,赋矿的花岗闪长岩的形成年龄与辉钼矿Re-Os年龄基本一致,说明该花岗闪长岩应该是多宝山矿床的成矿母岩。而矿区的花岗闪长斑岩虽然没有发现矿化,但其与赋矿的花岗闪长岩形成年龄相近,可能也与成矿有一定的成因联系。而二云母二长花岗岩的成岩年龄明显晚于成矿年龄,应与成矿无关。

多宝山和铜山矿山的岩浆岩锆石测年数据列于表3-2。

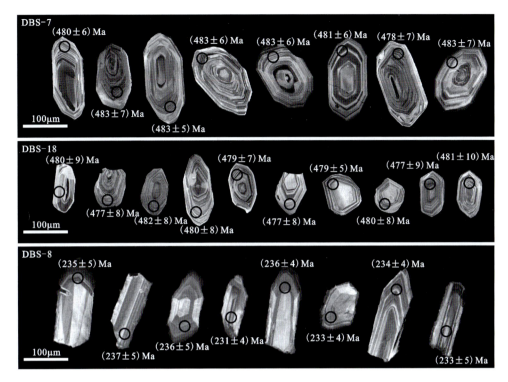

图 3-12 多宝山矿区花岗闪长岩(DBS-7)、花岗闪长斑岩(DBS-18)和
二云母二长花岗岩(DBS-8)中的锆石阴极发光图像及测年结果

铜山矿区地表出露的英云闪长岩(TS-081)中的锆石呈棱柱状,主要为自形—半自形,少量呈他形,锆石粒径为 $50\sim200\mu m$,长宽比值为 $(1\sim3.5)/1$(图 3-14)。锆石的 Th/U 值为 $0.42\sim0.80$,大部分锆石具有较为明显的振荡生长环带,表明其为岩浆成因。在谐和图中,测试数据投点落入谐和线的下方,表明锆石可能发生了一定程度的铅丢失,但锆石的 $^{206}Pb/^{238}U$ 年龄值较为集中,平均值为 $(214.3\pm2.6)Ma$(图 3-15),可以认为其大致代表了英云闪长岩的结晶年龄。由于该英云闪长岩的结晶年龄晚于铜山矿床的成矿年龄[Re-Os 年龄为 $(506\pm14)Ma$],铜山矿床的成矿应与该岩体无关,而可能与深部的加里东期隐伏岩体有关。

三、岩石地球化学特征

多宝山和铜山矿区的岩浆岩都发生了不同程度的蚀变作用,但原岩的结构和矿物组成仍较为清晰,蚀变矿物所占比例整体较小。多宝山矿区的花岗闪长岩、花岗闪长斑岩和二云母二长花岗岩的烧失量(LOI 值)总体介于 $1.83\%\sim2.78\%$ 之间,相对于主量元素的含量来说基本可以忽略,故认为样品的分析结果可以代表原岩的地球化学组成。多宝山矿区的闪长岩脉和闪长玢岩脉的 LOI 值介于 $6.22\%\sim6.84\%$ 之间,可能遭受过相对较强的蚀变和风化作用,其岩石化学分析结果与原岩存在一定差异,仅作为参考。铜山矿区地表的英云闪长岩 LOI 值为 $3.06\%\sim3.22\%$,可认为分析结果大致反映了原岩的化学成分。

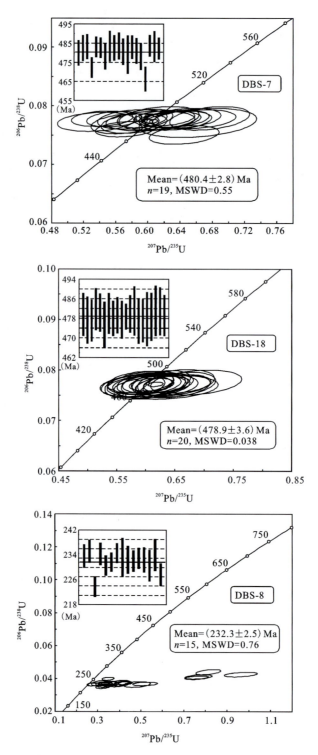

图3-13 多宝山矿区花岗闪长岩(DBS-7)、花岗闪长斑岩(DBS-18)和
二云母二长花岗岩(DBS-8)中的锆石U-Pb年龄谐和图

表 3-2 多宝山和铜山矿区岩浆岩的锆石 U-Pb 测年结果

分析点号	Th/$\times 10^{-6}$	U/$\times 10^{-6}$	Th/U	同位素比值 ^{207}Pb/^{206}Pb	1σ	^{207}Pb/^{235}U	1σ	^{206}Pb/^{238}U	1σ	年龄/Ma ^{207}Pb/^{235}U	1σ	^{206}Pb/^{238}U	1σ
多宝山矿区花岗闪长岩(DBS-7)													
1	114	227	0.50	0.050 52	0.003 17	0.535 47	0.031 84	0.077 29	0.001 08	435	21	480	6
2	31	112	0.28	0.055 28	0.002 94	0.580 94	0.028 37	0.077 72	0.001 10	465	18	483	7
3	104	219	0.48	0.054 80	0.001 91	0.596 13	0.022 81	0.077 84	0.001 05	475	15	483	6
4	333	459	0.72	0.054 33	0.002 37	0.572 63	0.024 65	0.076 01	0.000 86	460	16	472	5
5	64	186	0.34	0.050 25	0.002 32	0.543 16	0.025 24	0.077 82	0.000 86	441	17	483	5
6	119	228	0.52	0.052 15	0.002 09	0.558 14	0.022 44	0.077 74	0.000 85	450	15	483	5
7	125	349	0.36	0.054 89	0.002 61	0.583 16	0.026 85	0.076 98	0.001 10	466	17	478	7
8	26	98	0.26	0.057 57	0.003 04	0.614 05	0.032 74	0.077 87	0.001 32	486	21	483	8
9	63	172	0.37	0.062 17	0.003 38	0.657 86	0.034 02	0.077 72	0.001 08	513	21	483	6
10	63	183	0.34	0.060 26	0.002 98	0.643 48	0.030 95	0.077 90	0.001 15	504	19	484	7
11	49	154	0.32	0.056 91	0.003 47	0.603 65	0.036 37	0.077 40	0.001 13	480	23	481	7
12	19	92	0.21	0.062 77	0.004 53	0.662 15	0.048 19	0.077 14	0.001 65	516	29	479	10
13	118	247	0.43	0.059 21	0.002 57	0.634 96	0.027 14	0.077 79	0.000 99	499	17	483	6
14	57	149	0.33	0.059 53	0.002 83	0.634 58	0.029 46	0.077 46	0.001 08	499	18	481	6
15	59	183	0.32	0.053 59	0.002 63	0.571 74	0.027 71	0.076 97	0.001 13	459	18	478	7
16	189	331	0.57	0.061 99	0.002 84	0.645 20	0.028 59	0.075 00	0.001 05	506	18	466	6
17	145	297	0.49	0.057 33	0.002 30	0.620 62	0.025 08	0.077 93	0.000 91	490	16	484	5
18	103	197	0.52	0.062 99	0.002 95	0.676 63	0.032 68	0.077 85	0.001 33	525	20	483	8
19	96	218	0.44	0.058 44	0.002 38	0.627 48	0.025 18	0.077 68	0.000 91	495	16	482	5

续表 3-2

分析点号	Th/×10⁻⁶	U/×10⁻⁶	Th/U	同位素比值						年龄/Ma			
				$^{207}Pb/^{206}Pb$	1σ	$^{207}Pb/^{235}U$	1σ	$^{206}Pb/^{238}U$	1σ	$^{207}Pb/^{235}U$	1σ	$^{206}Pb/^{238}U$	1σ
多宝山矿区花岗闪长斑岩（DBS-18）													
1	91	196	0.47	0.057 62	0.002 92	0.602 59	0.029 65	0.077 24	0.001 45	479	19	480	9
2	31	102	0.31	0.059 35	0.005 77	0.605 80	0.055 40	0.076 85	0.001 59	481	35	477	10
3	63	157	0.40	0.055 65	0.003 51	0.578 89	0.036 00	0.076 82	0.001 41	464	23	477	8
4	53	164	0.32	0.054 79	0.003 28	0.591 02	0.037 37	0.077 59	0.001 41	472	24	482	8
5	171	228	0.75	0.059 17	0.003 36	0.628 59	0.035 17	0.077 37	0.001 29	495	22	480	8
6	34	111	0.31	0.061 78	0.006 08	0.634 54	0.059 02	0.076 52	0.001 56	499	37	475	9
7	72	164	0.44	0.056 39	0.002 98	0.599 34	0.032 20	0.077 32	0.001 38	477	20	480	8
8	75	168	0.45	0.056 01	0.003 24	0.594 42	0.033 89	0.076 96	0.001 17	474	22	478	7
9	42	131	0.32	0.061 76	0.003 64	0.654 48	0.038 20	0.077 19	0.001 23	511	23	479	7
10	80	180	0.44	0.059 07	0.002 73	0.629 55	0.030 56	0.076 87	0.001 26	496	19	477	8
11	165	297	0.55	0.057 12	0.002 49	0.610 28	0.025 40	0.077 09	0.000 86	484	16	479	5
12	67	165	0.40	0.058 03	0.003 72	0.615 94	0.036 99	0.077 28	0.001 26	487	23	480	8
13	42	114	0.37	0.063 78	0.005 03	0.686 48	0.051 47	0.077 48	0.001 67	531	31	481	10
14	66	119	0.55	0.060 76	0.004 00	0.646 30	0.042 41	0.076 79	0.001 53	506	26	477	9
15	54	122	0.44	0.056 57	0.004 29	0.601 60	0.044 84	0.076 80	0.001 44	478	28	477	9
16	54	137	0.40	0.057 35	0.004 57	0.599 08	0.045 41	0.076 92	0.001 82	477	29	478	11
17	42	129	0.32	0.061 45	0.003 84	0.657 95	0.041 02	0.077 08	0.001 62	513	25	479	10
18	40	122	0.33	0.061 66	0.004 49	0.651 81	0.043 36	0.077 49	0.001 71	510	27	481	10
19	87	207	0.42	0.058 05	0.002 90	0.626 67	0.033 16	0.077 46	0.001 62	494	21	481	10
20	36	127	0.28	0.055 98	0.003 97	0.598 06	0.041 52	0.077 18	0.001 38	476	26	479	8

续表 3-2

分析点号	Th/×10⁻⁶	U/×10⁻⁶	Th/U	同位素比值 ²⁰⁷Pb/²⁰⁶Pb	1σ	²⁰⁷Pb/²³⁵U	1σ	²⁰⁶Pb/²³⁸U	1σ	年龄/Ma ²⁰⁷Pb/²³⁵U	1σ	²⁰⁶Pb/²³⁸U	1σ
多宝山矿区二云母二长花岗岩(DBS-8)													
1	71	108	0.66	0.070 83	0.005 84	0.345 95	0.027 83	0.037 10	0.000 79	302	21	235	5
2	106	133	0.80	0.082 03	0.005 06	0.418 36	0.025 09	0.037 43	0.000 77	355	18	237	5
3	121	133	0.90	0.067 53	0.004 78	0.322 48	0.021 82	0.034 99	0.000 69	284	17	222	4
4	95	126	0.75	0.071 58	0.004 44	0.351 24	0.020 76	0.037 24	0.000 76	306	16	236	5
5	128	179	0.71	0.055 33	0.003 84	0.278 11	0.019 60	0.036 44	0.000 68	249	16	231	4
6	102	142	0.72	0.067 99	0.004 53	0.336 82	0.021 41	0.036 68	0.000 63	295	16	232	4
7	174	180	0.97	0.084 31	0.004 50	0.426 71	0.022 01	0.037 31	0.000 66	361	16	236	4
8	57	88	0.65	0.083 51	0.008 91	0.398 88	0.035 60	0.037 02	0.001 31	341	26	234	8
9	78	113	0.70	0.084 14	0.005 70	0.410 16	0.026 58	0.036 85	0.000 94	349	19	233	6
10	164	178	0.92	0.102 77	0.007 92	0.521 04	0.039 23	0.036 76	0.000 71	426	26	233	4
11	146	175	0.83	0.064 08	0.004 43	0.322 24	0.021 30	0.036 95	0.000 70	284	16	234	4
12	103	134	0.77	0.069 60	0.006 21	0.350 74	0.031 15	0.036 84	0.000 85	305	23	233	5
13	42	74	0.57	0.103 64	0.009 88	0.481 27	0.042 26	0.036 44	0.001 06	399	29	231	7
14	127	149	0.85	0.061 97	0.005 89	0.314 04	0.028 15	0.037 19	0.001 08	277	22	235	7
15	81	112	0.72	0.070 49	0.005 67	0.333 97	0.022 81	0.035 82	0.000 75	293	17	227	5

续表 3-2

分析点号	Th/$\times 10^{-6}$	U/$\times 10^{-6}$	Th/U	同位素比值						年龄/Ma					
				$^{207}Pb/^{206}Pb$	1σ	$^{207}Pb/^{235}U$	1σ	$^{206}Pb/^{238}U$	1σ	$^{207}Pb/^{235}U$	1σ	$^{206}Pb/^{238}U$	1σ		
铜山矿区英云闪长岩(TS-081)															
1	60	141	0.42	0.082 47	0.008 23	0.356 43	0.031 82	0.033 58	0.001 31	310	24	213	8		
2	142	257	0.55	0.066 28	0.005 95	0.302 63	0.026 30	0.033 27	0.000 75	268	21	211	5		
3	119	231	0.51	0.076 20	0.005 15	0.351 22	0.022 20	0.033 67	0.000 70	306	17	214	4		
4	180	349	0.51	0.064 75	0.004 63	0.309 75	0.022 36	0.033 97	0.000 68	274	17	215	4		
5	124	225	0.55	0.064 11	0.004 64	0.299 77	0.020 91	0.033 84	0.000 74	266	16	215	5		
6	123	199	0.62	0.065 50	0.005 07	0.303 85	0.022 45	0.033 99	0.000 79	269	17	215	5		
7	98	189	0.52	0.077 95	0.008 02	0.353 99	0.030 81	0.033 71	0.000 77	308	23	214	5		
8	100	174	0.57	0.087 84	0.014 14	0.374 67	0.040 54	0.034 13	0.001 00	323	30	216	6		
9	154	216	0.71	0.063 16	0.005 20	0.290 16	0.022 66	0.034 49	0.000 83	259	18	219	5		
10	128	221	0.58	0.061 25	0.004 86	0.277 28	0.021 55	0.033 66	0.000 75	248	17	213	5		
11	106	186	0.57	0.055 37	0.006 18	0.247 42	0.025 51	0.033 10	0.000 96	224	21	210	6		
12	122	223	0.55	0.076 49	0.008 09	0.362 17	0.037 65	0.033 90	0.000 89	314	28	215	6		
13	200	327	0.61	0.052 25	0.003 58	0.246 18	0.015 94	0.034 03	0.000 64	223	13	216	4		
14	92	161	0.57	0.083 01	0.008 12	0.368 24	0.034 68	0.034 08	0.001 43	318	26	216	9		
15	180	226	0.80	0.068 27	0.007 78	0.299 93	0.029 71	0.033 43	0.001 26	266	23	212	8		

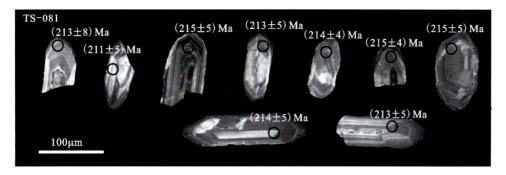

图3-14 铜山矿区英云闪长岩中的锆石阴极发光图像

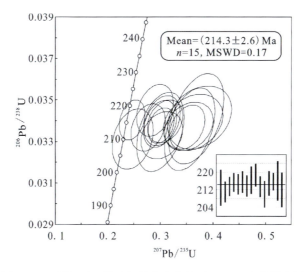

图3-15 铜山矿区英云闪长岩中的锆石U-Pb年龄谐和图

多宝山矿区花岗闪长岩的$w(SiO_2)=70.43\%\sim73.34\%$,$w(K_2O)=3.32\%\sim4.31\%$,$w(Na_2O+K_2O)=6.8\%\sim8.24\%$,$w(K_2O)/w(Na_2O)=0.95\sim1.1$,A/CNK=0.97~1.03;二云母二长花岗岩的$w(SiO_2)=65.89\%$,$w(K_2O)=2.83\%$,$w(Na_2O+K_2O)=8.35\%$,$w(K_2O)/w(Na_2O)=0.51$,A/CNK=1.01;闪长岩脉的$w(SiO_2)=56.06\%\sim56.28\%$,$w(K_2O)=3.07\%\sim3.12\%$,$w(Na_2O+K_2O)=6.81\%\sim6.84\%$,$w(K_2O)/w(Na_2O)=0.82\sim0.84$,A/CNK=0.98~1;闪长玢岩脉的$w(SiO_2)=53.44\%\sim53.51\%$,$w(K_2O)=1.87\%\sim1.89\%$,$w(Na_2O+K_2O)=5.47\%\sim5.52\%$,$w(K_2O)/w(Na_2O)=0.51\sim0.53$,A/CNK=0.78~0.79;花岗闪长斑岩的$w(SiO_2)=61.72\%\sim62.02\%$,$w(K_2O)=2.67\%\sim2.7\%$,$w(Na_2O+K_2O)=6.89\%\sim6.93\%$,$w(K_2O)/w(Na_2O)=0.63\sim0.64$,A/CNK=0.9~0.91(表3-3)。在$K_2O-SiO_2$图解中(图3-16a),各类岩浆岩样品投点均落于高钾钙碱性系列区域。由A/NK-A/CNK图解可以看出,矿区岩浆岩主要属于准铝质或准铝质—过铝质岩石(图3-16b)。

表3-3 多宝山和铜山矿区岩浆岩的主量元素(%)和微量元素(×10⁻⁶)分析结果

矿区	多宝山										铜山			
岩石类型	花岗闪长岩			二云母二长花岗岩	闪长岩脉		闪长玢岩脉		花岗闪长斑岩		英云闪长岩			
样品编号	DBS-071	DBS-073	DBS-0711	DBS-082	DBS-0121	DBS-0122	DBS-0161	DBS-0163	DBS-0182	DBS-0183	TS-081	TS-082	TS-0102	TS-0103
Na_2O	3.53	3.48	3.93	5.52	3.74	3.72	3.65	3.58	4.23	4.22	5.08	5.18	4.58	4.48
MgO	0.73	0.78	0.81	0.68	1.64	1.65	4.43	4.44	2.06	2.15	1.80	1.77	1.27	1.27
Al_2O_3	13.30	13.48	14.99	16.98	18.13	17.85	15.52	15.56	16.15	16.00	16.02	15.96	16.24	16.25
SiO_2	73.01	73.34	70.43	65.89	56.06	56.28	53.51	53.44	62.02	61.72	63.14	63.16	65.94	65.50
P_2O_5	0.07	0.07	0.07	0.14	0.35	0.36	0.32	0.32	0.19	0.21	0.20	0.20	0.17	0.17
K_2O	3.46	3.32	4.31	2.83	3.07	3.12	1.87	1.89	2.70	2.67	2.87	2.77	3.06	2.99
CaO	2.26	2.07	1.90	2.53	4.76	4.81	6.48	6.43	4.28	4.38	2.67	2.78	1.98	2.24
TiO_2	0.21	0.20	0.19	0.26	0.60	0.61	0.87	0.88	0.41	0.45	0.50	0.49	0.41	0.41
MnO	0.02	0.02	0.02	0.08	0.10	0.10	0.12	0.12	0.08	0.09	0.05	0.05	0.06	0.05
Fe_2O_3	0.27	0.37	0.51	1.06	1.49	1.48	1.08	1.15	2.10	2.04	2.56	2.47	1.69	1.78
FeO	0.78	0.78	0.65	0.98	3.18	3.25	4.48	4.45	2.52	2.68	1.02	1.05	1.28	1.25
H_2O^+	0.93	0.95	1.01	1.38	2.45	2.50	3.35	3.43	2.03	2.00	1.75	1.66	1.96	1.20
CO_2	1.13	0.84	0.93	1.42	4.18	4.00	4.09	4.09	1.01	1.16	1.78	1.87	1.25	1.47
烧失量	1.99	1.83	1.93	2.65	6.22	6.26	6.81	6.84	2.62	2.78	3.99	3.97	3.06	3.22
Na_2O+K_2O	6.99	6.80	8.24	8.35	6.81	6.84	5.52	5.47	6.93	6.89	7.95	7.95	7.64	7.47
K_2O/Na_2O	0.98	0.95	1.10	0.51	0.82	0.84	0.51	0.53	0.64	0.63	0.56	0.53	0.67	0.67
A/NK	1.39	1.45	1.35	1.40	1.91	1.88	1.93	1.96	1.63	1.63	1.40	1.38	1.50	1.53
A/CNK	0.97	1.03	1.03	1.01	1.00	0.98	0.78	0.79	0.91	0.90	0.98	0.96	1.12	1.11
Li	5.96	6.22	5.22	7.38	9.38	9.25	18.00	17.10	7.71	8.15	7.93	7.68	5.45	5.84
Be	0.95	0.93	1.03	2.14	1.63	1.76	1.57	1.58	1.29	1.25	1.82	1.94	1.68	1.80

续表 3-3

矿区	多宝山											铜山			
岩石类型	花岗闪长岩			二云母二长花岗岩	闪长岩脉		闪长玢岩脉		花岗闪长斑岩			英云闪长岩			
样品编号	DBS-071	DBS-073	DBS-0711	DBS-082	DBS-0121	DBS-0122	DBS-0161	DBS-0163	DBS-0182	DBS-0183	TS-081	TS-082	TS-0102	TS-0103
Sc	4.34	4.24	4.38	2.00	4.85	5.24	19.80	18.80	10.70	11.20	7.74	7.71	5.96	5.95
V	44.6	43.8	40.9	15.40	75.0	77.1	140.0	137.0	102.0	104.0	65.6	65.2	52.9	52.8
Cr	4.98	4.8	6.17	2.64	1.31	1.21	45.20	44.30	8.73	10.30	13.40	12.00	22.60	20.60
Co	33.6	33.7	61.1	41.4	19.6	17.1	23.7	22.6	24.0	27.6	27.7	19.5	23.9	52.8
Ni	2.78	3.03	3.58	1.98	0.68	0.59	25.30	23.90	4.61	5.12	15.90	15.00	15.80	15.70
Cu	5 656.00	5 703.00	1 864.00	9.26	16.80	17.50	95.30	96.40	640.00	643.00	414.00	356.00	96.10	62.90
Zn	10.9	12.6	11.6	50.6	69.7	73.0	66.0	67.1	32.0	33.9	56.3	56.3	65.3	64.5
Ga	12.7	12.8	13.5	18.8	20.3	20.3	18.6	18.5	17.3	17.6	19.0	18.8	19.0	18.9
Rb	43.4	15.6	46.8	33.9	34.2	35.0	34.5	31.8	34.0	32.6	44.3	42.9	51.5	50.9
Sr	218	221	269	782	1015	1069	725	706	623	610	346	347	148	148
Y	8.54	3.07	7.09	13.10	18.80	18.80	20.20	20.20	13.10	13.50	11.30	11.40	9.55	9.62
Zr	74.3	78.5	59.2	219.0	197.0	196.0	171.0	167.0	87.0	96.9	141.0	142.0	138.0	133.0
Nb	6.57	5.58	6.73	7.46	4.89	4.99	4.11	3.91	4.53	4.89	3.54	3.42	3.88	4.44
Mo	54.20	≤7.00	39.80	1.39	0.51	0.64	1.36	1.32	6.13	5.58	1.93	1.51	3.71	4.15
Sn	1.48	1.51	0.90	1.00	1.17	1.25	2.96	1.22	1.13	1.01	0.95	0.98	0.93	1.04
Cs	1.08	1.14	1.28	1.37	1.38	1.41	1.77	1.58	0.83	0.80	1.61	1.55	2.01	2.02
Ba	574	580	814	742	655	674	420	408	590	576	387	376	578	569
La	14.4	14.4	11.4	28.6	29.9	30.6	39.4	38.6	14.7	15.0	23.0	23.0	22.3	21.6
Ce	24.9	24.4	24.6	58.1	64.0	65.7	85.1	83.5	30.0	31.4	48.5	49.2	45.5	44.4
Pr	2.58	2.51	2.92	6.72	8.16	8.22	10.60	10.40	3.67	3.90	5.93	5.95	5.29	5.22

续表 3-3

矿区	多宝山										铜山		
岩石类型	花岗闪长岩			二云母二长花岗岩	闪长岩脉		闪长玢岩脉		花岗闪长斑岩		英云闪长岩		
样品编号	DBS-071	DBS-073	DBS-0711	DBS-082	DBS-0121	DBS-0122	DBS-0161	DBS-0163	DBS-0182	DBS-0183	TS-081	TS-082	TS-0102	TS-0103
Nd	9.27	8.67	10.50	24.20	31.10	33.00	42.70	42.10	14.80	15.60	23.70	24.00	20.50	19.90
Sm	1.65	1.49	1.87	3.92	5.62	5.86	7.74	7.62	3.00	3.26	4.57	4.50	3.72	3.58
Eu	0.49	0.51	0.54	1.08	1.50	1.55	2.26	2.19	0.86	0.94	1.23	1.22	1.00	1.06
Gd	1.31	1.24	1.34	2.65	4.14	4.25	5.45	5.47	2.45	2.67	3.17	3.16	2.50	2.55
Tb	0.21	0.19	0.20	0.38	0.58	0.57	0.70	0.68	0.36	0.38	0.40	0.40	0.33	0.32
Dy	1.29	1.15	1.14	2.17	3.31	3.40	3.74	3.68	2.18	2.28	2.04	2.12	1.72	1.70
Ho	0.25	0.25	0.21	0.41	0.63	0.63	0.67	0.67	0.42	0.45	0.37	0.37	0.33	0.32
Er	0.80	0.80	0.69	1.26	1.83	1.79	1.76	1.85	1.19	1.26	0.99	0.96	0.85	0.89
Tm	0.12	0.12	0.11	0.19	0.27	0.27	0.24	0.25	0.17	0.20	0.14	0.14	0.12	0.12
Yb	0.98	0.96	0.80	1.40	1.70	1.73	1.53	1.68	1.27	1.29	0.86	0.91	0.81	0.8
Lu	0.17	0.14	0.13	0.21	0.26	0.27	0.23	0.23	0.18	0.22	0.14	0.14	0.13	0.13
Hf	2.57	2.71	2.00	4.85	4.43	4.38	4.20	3.96	2.45	2.69	3.51	3.55	3.39	3.24
Ta	0.68	0.74	0.57	0.53	0.31	0.31	0.25	0.23	0.36	0.38	0.23	0.22	0.28	0.30
Tl	0.20	0.21	0.23	0.28	0.28	0.27	0.19	0.19	0.17	0.17	0.26	0.26	0.30	0.30
Pb	8.73	8.87	2.95	21.6	9.75	9.58	9.55	11.9	5.41	5.91	20.6	18.9	18.9	22.5
Th	5.93	5.46	3.78	5.13	4.52	4.57	6.02	6.00	3.11	3.39	4.61	4.58	4.04	3.91
U	2.00	1.98	1.34	1.83	1.39	1.45	1.61	1.62	1.38	1.47	1.79	1.78	1.11	1.12
LREE	53	52	52	123	140	145	188	184	67	70	107	108	98	96
HREE	14	13	12	22	32	32	35	35	21	22	19	20	16	16
ΣREE	67	65	63	144	172	177	222	219	88	92	126	127	115	112
(La/Yb)$_N$	10.0	10.1	9.6	13.8	11.8	11.9	17.4	15.5	7.8	7.8	17.9	17.1	18.6	18.1

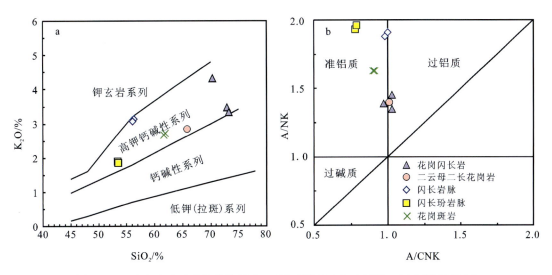

图 3-16 多宝山矿区岩浆岩的 K_2O-SiO_2 图解(a)和 A/NK-A/CNK 图解(b)

从稀土元素和微量元素标准化图解中可以看出,矿区不同类型的岩浆岩均具有右倾的轻稀土富集的配分模式,基本没有 Eu 异常(图 3-17)。各类岩浆岩均表现出富集 Rb、Ba、Th、U、Pb 等大离子亲石元素(LILE),而相对亏损 Nb、Ta、P、Ti 等高场强元素(HFSE)(图 3-18)的特征。不同类型岩浆岩的 $\sum REE = 63 \times 10^{-6} \sim 222 \times 10^{-6}$,$LREE = 52 \times 10^{-6} \sim 188 \times 10^{-6}$,$HREE = 12 \times 10^{-6} \sim 35 \times 10^{-6}$,$(La/Yb)_N = 7.8 \sim 17.4$,$Eu/Eu^* = 0.91 \sim 1.11$。

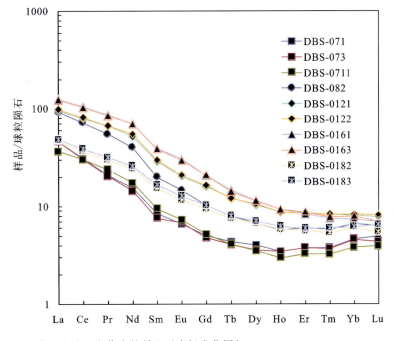

图 3-17 多宝山矿区岩浆岩的稀土元素标准化图解(标准值据 Anders and Grevesse,1989)

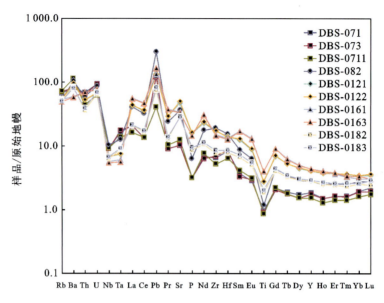

图 3-18 多宝山矿区岩浆岩的微量元素标准化图解(标准值据 Sun and McDonough,1989)

铜山矿区英云闪长岩的 $w(SiO_2)=63.14\%\sim65.94\%$,$w(K_2O)=2.77\%\sim3.06\%$,$w(Na_2O+K_2O)=7.47\%\sim7.95\%$,$w(K_2O)/w(Na_2O)=0.53\sim0.67$(表 3-3)。在 K_2O-SiO_2 图解中(图 3-19a),样品投点落入高钾钙碱性系列区域。岩石 A/CNK 值为 $0.96\sim1.12$,表现为准铝质—弱过铝质特征(图 3-19b)。

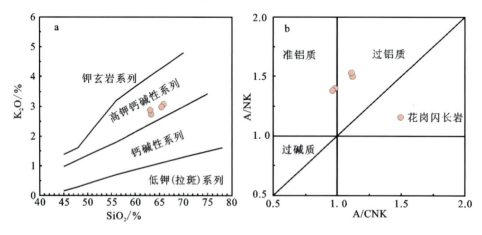

图 3-19 铜山矿区英云闪长岩的 K_2O-SiO_2 图解(a)和 A/NK-A/CNK 图解(b)

在稀土元素标准化图解中,英云闪长岩表现为右倾的轻稀土富集模式,基本无 Eu 异常(图 3-20)。英云闪长岩的 $\sum REE=112\times10^{-6}\sim127\times10^{-6}$,$LREE=96\times10^{-6}\sim108\times10^{-6}$,$HREE=16\times10^{-6}\sim20\times10^{-6}$,$(La/Yb)_N=17.1\sim18.6$。在微量元素蛛网图中,英云闪长岩表现为相对富集 Rb、Ba、Th、U、Pb 等大离子亲石元素(LILE),而相对亏损 Nb、Ta、P、Ti 等高场强元素(HFSE)的特征(图 3-21)。

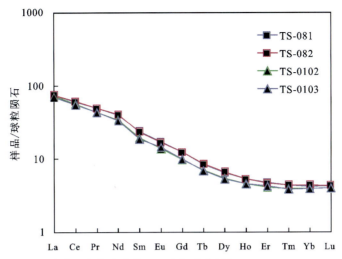

图 3-20　铜山矿区地表英云闪长岩的稀土元素标准化图解(标准值据 Anders and Grevesse,1989)

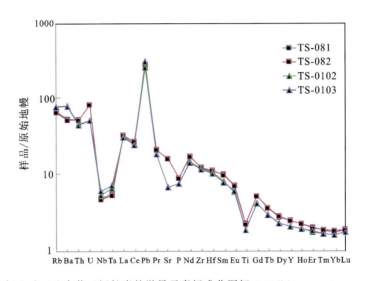

图 3-21　铜山矿区地表英云闪长岩的微量元素标准化图解(标准值据 Sun and McDonough,1989)

四、Sr-Nd-Hf 同位素特征

多宝山和铜山矿区岩浆岩的 Sr-Nd 同位素分析结果列于表 3-4。多宝山矿区花岗闪长岩的 $(^{87}Sr/^{86}Sr)_i=0.702\,853 \sim 0.703\,024$,$\varepsilon_{Nd}(t)=4.9 \sim 5.3$;二云母二长花岗岩的 $(^{87}Sr/^{86}Sr)_i=0.703\,819$,$\varepsilon_{Nd}(t)=3.7$;花岗斑岩的 $(^{87}Sr/^{86}Sr)_i=0.703\,926 \sim 0.703\,929$,$\varepsilon_{Nd}(t)=5 \sim 5.1$。三者的地壳模式年龄较为接近,$T_{DM2}=708 \sim 815\,Ma$。铜山矿区英云闪长岩的 $(^{87}Sr/^{86}Sr)_i=0.704\,083 \sim 0.704\,231$,$\varepsilon_{Nd}(t)=2.6 \sim 3$,$T_{DM2}=748 \sim 782\,Ma$。在 Sr-Nd 同位素图解中,多宝山和铜山矿区岩浆岩的投点与前人研究获得的中国东北和中亚造山带花岗岩的区域基本吻合,但 $\varepsilon_{Nd}(t)$ 值相对较高,靠近亏损地幔区域(图 3-22)。

表 3-4 多宝山和铜山矿区岩浆岩的 Sr-Nd 同位素分析结果

矿区	样品名称	样品编号	t/Ma	Rb	Sr	^{87}Rb/^{86}Sr	^{87}Sr/^{86}Sr	Std err	(^{87}Sr/^{86}Sr)$_i$	Sm	Nd	^{147}Sm/^{144}Nd	^{143}Nd/^{144}Nd	Std err	(^{143}Nd/^{144}Nd)$_i$	$\varepsilon_{Nd}(t)$	T_{DM2}/Ma
多宝山	花岗闪长岩	DBS-073	480	45.6	221	0.595 5	0.706 929	0.000 010	0.702 853	1.5	8.67	0.103 8	0.512 616	0.000 006	0.512 289	5.3	782
		DBS-0711	480	46.8	269	0.501 4	0.706 456	0.000 012	0.703 024	1.9	10.5	0.107 5	0.512 607	0.000 008	0.512 269	4.9	815
	二云母二长花岗岩	DBS-082	232	33.9	782	0.124 9	0.704 229	0.000 014	0.703 819	3.9	24.2	0.098 0	0.512 677	0.000 011	0.512 529	3.7	708
	花岗斑岩	DBS-0182	479	34.0	623	0.157 4	0.705 003	0.000 013	0.703 929	3.0	14.8	0.122 5	0.512 660	0.000 007	0.512 276	5.0	806
		DBS-0183	479	32.6	610	0.154 1	0.704 978	0.000 014	0.703 926	3.3	15.6	0.126 6	0.512 681	0.000 006	0.512 284	5.1	793
铜山	英云闪长岩	TS-0102	214	51.5	148	1.005 7	0.707 114	0.000 011	0.704 083	3.7	20.5	0.109 8	0.512 671	0.000 006	0.512 519	3.0	748
		TS-0103	214	50.9	148	0.992 5	0.707 222	0.000 011	0.704 231	3.6	19.9	0.108 8	0.512 648	0.000 007	0.512 497	2.6	782

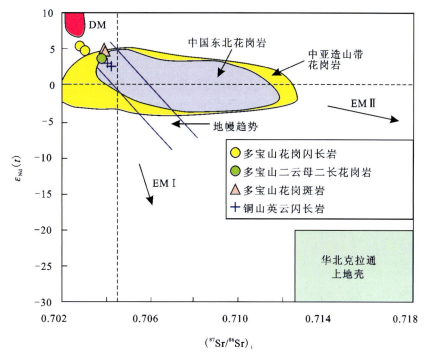

图 3-22 多宝山和铜山矿区岩浆岩的 Sr-Nd 同位素图解

DM. 亏损地幔；EM I 和 EM II. 富集地幔。底图据 Zindler 和 Hart(1986)；中亚造山带
花岗岩区域据 Jian 等(2008)，Chen 等(2009)，Jahn 等(2009)；中国东北花岗岩区域据
Wu 等(2000a,2003)。

多宝山矿区的花岗闪长岩和花岗闪长斑岩中锆石的 Hf 同位素分析结果列于表 3-5。花岗闪长岩中锆石的 $\varepsilon_{Hf}(t)$ 值变化于 11.9～12.9，对应的地壳模式年龄(T_{DM2})为 611～662Ma；花岗闪长斑岩中锆石的 $\varepsilon_{Hf}(t)$ 值变化于 10.9～12.8，对应的地壳模式年龄(T_{DM2})为 617～721Ma，表明花岗闪长岩和花岗斑岩可能具有相似的源区(图 3-23)。与 Sr-Nd 同位素分析结果相比，Hf 同位素地壳模式年龄也为新元古代，但相对较年轻，表明锆石结晶之后，岩浆可能发生了进一步的分异作用。

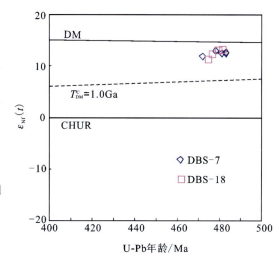

图 3-23 多宝山矿区花岗闪长岩(DBS-7)和花岗闪长斑岩(DBS-18)的锆石 Hf 同位素组成

表3-5 多宝山矿区岩浆岩的锆石Hf同位素测试结果

点号	年龄/Ma	$^{176}Yb/^{177}Hf$	$^{176}Lu/^{177}Hf$	$^{176}Hf/^{177}Hf$	2σ	$(^{176}Hf/^{177}Hf)_i$	$\varepsilon_{Hf}(0)$	$\varepsilon_{Hf}(t)$	T_{DM1}	T_{DM2}	$f_{Lu/Hf}$
花岗闪长岩(DBS-7)											
B1	483	0.032 122	0.000 846	0.282 833	0.000 033	0.282 836	2.2	12.5	591	635	−0.97
B2	472	0.054 918	0.001 484	0.282 827	0.000 038	0.282 844	2.0	11.9	610	662	−0.96
B3	478	0.039 363	0.001 072	0.282 848	0.000 026	0.282 840	2.7	12.9	574	611	−0.97
B4	483	0.031 041	0.000 834	0.282 830	0.000 023	0.282 841	2.1	12.4	595	640	−0.97
B5	481	0.028 184	0.000 768	0.282 829	0.000 026	0.282 833	2.0	12.4	595	641	−0.98
花岗闪长斑岩(DBS-18)											
B1	480	0.029 070	0.000 962	0.282 839	0.000 041	0.282 859	2.4	12.6	585	627	−0.97
B2	477	0.016 897	0.000 554	0.282 817	0.000 032	0.282 862	1.6	11.9	609	663	−0.98
B3	482	0.025 703	0.000 912	0.282 843	0.000 033	0.282 855	2.5	12.8	578	617	−0.97
B4	475	0.023 913	0.000 759	0.282 790	0.000 031	0.282 845	0.7	10.9	650	721	−0.98
B5	480	0.023 264	0.000 758	0.282 841	0.000 026	0.282 875	2.4	12.8	579	619	−0.98

第四节　成矿物质来源

本次研究对多宝山铜矿、铜山铜矿中的各类矿石进行了系统取样,精细挑选出其中的石英、金属硫化物等单矿物,用于 H-O-S-Pb 稳定同位素分析,以判断其成矿流体和成矿物质来源。

一、氢氧同位素

对多宝山矿区第Ⅱ、第Ⅲ阶段石英中流体包裹体的氢氧同位素分析结果表明,第Ⅱ阶段成矿流体的 $\delta D = -81.2‰ \sim -74.2‰$,$\delta^{18}O_{H_2O} = 4.3‰ \sim 4.8‰$;第Ⅲ阶段成矿流体的 $\delta D = -88.0‰ \sim -82.3‰$,$\delta^{18}O_{H_2O} = -2.3‰ \sim -2.0‰$(表 3-6)。在氢氧同位素图解中,第Ⅱ阶段氢氧同位素投点靠近岩浆水区域,而第Ⅲ阶段氢氧同位素投点位于岩浆水和大气降水线之间(图 3-24)。

表 3-6　多宝山和铜山矿床成矿流体的氢氧同位素分析结果

矿区	成矿阶段	样品编号	测试矿物	$\delta D/‰$	$\delta O_{矿物}/‰$	$\delta O_{H_2O}/‰$	温度/℃
多宝山	Ⅱ	DBS-1	石英	-81.2	11.5	4.8	306
	Ⅱ	DBS-2	石英	-75.9	11.4	4.7	306
	Ⅱ	DBS-11	石英	-74.2	11.0	4.3	306
	Ⅲ	DBS-15	石英	-87.9	11.4	-2.1	174
	Ⅲ	DBS-17	石英	-88.0	11.5	-2.0	174
	Ⅲ	DBS-20	石英	-82.3	11.2	-2.3	174
铜山	Ⅰ	TS-030	石英	-95.7	13.3	5.0	264
	Ⅱ	TS-031	石英	-98.5	13.0	2.6	222
	Ⅱ	TS-032	石英	-93.2	13.6	3.2	222
	Ⅲ	TS-033	石英	-99.7	10.4	-4.0	163

对铜山矿区不同成矿阶段石英中流体包裹体的氢氧同位素分析结果表明,第Ⅰ阶段成矿流体的 $\delta D = -95.7‰$,$\delta^{18}O_{H_2O} = 5.0‰$;第Ⅱ阶段成矿流体的 $\delta D = -98.5‰ \sim -93.2‰$,$\delta^{18}O_{H_2O} = 2.6‰ \sim 3.2‰$;第Ⅲ阶段成矿流体的 $\delta D = -99.7‰$,$\delta^{18}O_{H_2O} = -4.0‰$(表 3-6)。在氢氧同位素图解中,不同成矿阶段成矿流体的氢氧同位素投点总体位于岩浆水区域和大气降水线之间,且早阶段成矿流体的投点靠近岩浆水区域,而晚阶段的成矿流体投点更靠近大气降水线(图 3-25)。

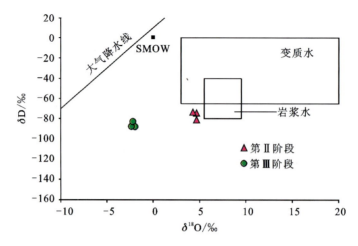

图 3-24　多宝山矿区成矿流体的氢氧同位素图解（底图据 Taylor,1974）

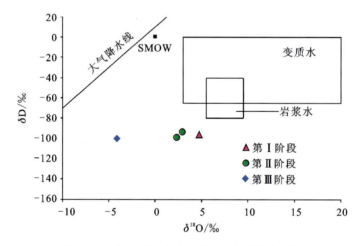

图 3-25　铜山矿区成矿流体的氢氧同位素图解

综上所述，多宝山和铜山矿床成矿流体的氢氧同位素分析结果表明，二者早期成矿流体的氢氧同位素组成均与岩浆水接近，表明早期流体应主要来源于岩浆水。而随着成矿作用的进行，氢氧同位素投点均向大气降水线有所漂移，表明成矿流体中大气降水的加入增多，与典型斑岩铜矿的氢氧同位素特征相一致。

二、硫同位素

综合前人和本次研究结果，多宝山矿床黄铁矿的 $\delta^{34}S$ 值变化范围为 $-2.82‰\sim1.1‰$，黄铜矿的 $\delta^{34}S$ 值变化范围为 $-2.65‰\sim-0.2‰$，斑铜矿的 $\delta^{34}S$ 值变化范围为 $-2.2‰\sim-0.2‰$。铜山矿床黄铜矿的 $\delta^{34}S$ 值为 $-2.6‰$，黄铁矿的 $\delta^{34}S$ 值变化范围为 $-1.8‰\sim-1.1‰$（图 3-26，表 3-7）。

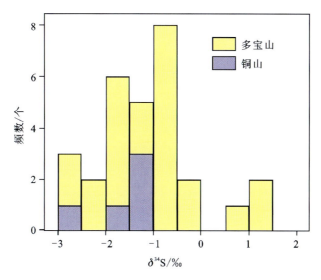

图 3-26 多宝山和铜山矿床金属硫化物的硫同位素统计直方图

表 3-7 多宝山和铜山矿床金属硫化物的硫同位素数据

矿区	测试矿物	$\delta^{34}S/‰$	数据来源	矿区	测试矿物	$\delta^{34}S/‰$	数据来源
多宝山	黄铁矿	-0.76	冯健行, 2008	多宝山	黄铜矿	-0.2	冯健行, 2008
	黄铁矿	1.1			黄铜矿	-0.7	
	黄铁矿	-1			斑铜矿	-2.2	
	黄铁矿	-2.82			斑铜矿	-1.7	
	黄铁矿	-1.39			斑铜矿	-0.7	
	黄铁矿	1.1			斑铜矿	-0.2	
	黄铁矿	0.53			斑铜矿	-0.75	
	黄铜矿	-1.5			斑铜矿	-0.6	
	黄铜矿	-1.84			斑铜矿	-0.6	
	黄铜矿	-1.69		铜山	黄铜矿	-2.6	本书
	黄铜矿	-1.53			黄铁矿	-1.1	
	黄铜矿	-1.7			黄铁矿	-1.5	
	黄铜矿	-2.24			黄铁矿	-1.2	
	黄铜矿	-2.65			黄铁矿	-1.8	
	黄铜矿	-1					

总体看来,多宝山和铜山矿床中金属硫化物的硫同位素组成变化范围很小,且其数值接近零值,与典型斑岩铜矿的硫同位素组成特征基本一致,表明成矿流体中的硫来自单一源区,应主要起源于深部岩浆。

三、铅同位素

本次研究对铜山矿区的金属硫化物进行了铅同位素分析。分析结果表明,矿区黄铜矿的 $^{206}Pb/^{204}Pb=17.682$, $^{207}Pb/^{204}Pb=15.48$, $^{208}Pb/^{204}Pb=37.402$,黄铁矿的 $^{206}Pb/^{204}Pb=17.703\sim17.798$, $^{207}Pb/^{204}Pb=15.471\sim15.495$, $^{208}Pb/^{204}Pb=37.395\sim37.52$(表3-8)。在铅同位素 $\Delta\gamma-\Delta\beta$ 图解中,矿石铅投点落入幔源铅和岩浆作用铅的交界处,指示铅可能来自于幔源岩浆(图3-27)。样品的铅同位素组成较为均一,指示矿石铅应来自单一源区。

表 3-8 铜山矿床金属硫化物的铅同位素分析结果

样品编号	矿物	$^{206}Pb/^{204}Pb$	$^{207}Pb/^{204}Pb$	$^{208}Pb/^{204}Pb$	V1	V2	$\Delta\alpha$	$\Delta\beta$	$\Delta\gamma$
TS-041	黄铜矿	17.682	15.48	37.402	41.30	43.07	55.51	11.80	18.76
TS-042	黄铁矿	17.725	15.471	37.395	42.26	45.11	58.08	11.21	18.57
TS-043	黄铁矿	17.71	15.479	37.425	42.60	44.20	57.18	11.73	19.38
TS-5	黄铁矿	17.703	15.475	37.409	42.02	43.94	56.76	11.47	18.95
TS-7	黄铁矿	17.798	15.495	37.52	47.24	47.92	62.44	12.78	21.97

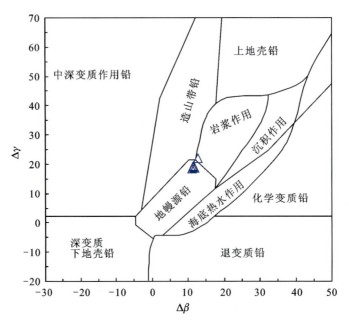

图 3-27 铜山矿床硫化物的铅同位素 $\Delta\gamma-\Delta\beta$ 图解(底图据朱炳泉等,1998)

第五节 成矿作用

本次研究通过详细的野外观察,分别选取了多宝山和铜山矿床主要成矿阶段的石英,磨制成流体包裹体测温片,进行镜下观察和温度测定,获得不同成矿阶段成矿流体的均一温度、盐度、成矿压力和成矿深度等信息。此外,本次研究还对不同成矿阶段的石英中的流体包裹体进行了群体成分分析,以获得成矿流体的组成和演化信息。

一、流体包裹体类型

1. 多宝山铜矿床流体包裹体类型

多宝山铜矿床石英中的流体包裹体主要为以下4种类型。

(1)气液两相包裹体(V+L型)。这类包裹体以富液相包裹体的气液比$V_{H_2O}/(L_{H_2O}+V_{H_2O})<50\%$为主,占所有包裹体的85%,大小一般5~16μm,室温下相态以气液两相形式存在,包裹体气相充填度在10%~90%之间变化。包裹体一般以圆形、椭圆形、近椭圆形、不规则形及负晶形成群或孤立分布(图3-28a-c)。

(2)纯液相包裹体(L型)。这类包裹体呈无色透明状,一般以圆形、近椭圆形和不规则形态产出,大小一般2~10μm(图3-28b,c)。

(3)纯气相包裹体(V型)。这种包裹体呈黑色,透明度较低,边缘粗黑,一般以圆形、近椭圆形和不规则形态产出,大小一般4~10μm,有的可以达到15μm(图3-28f)。

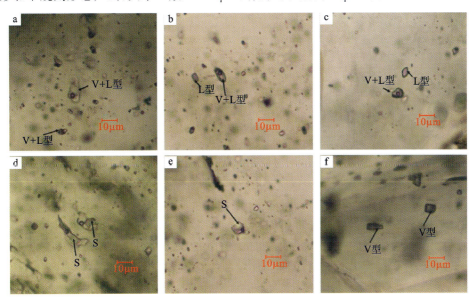

图3-28 多宝山铜矿床流体包裹体岩相学特征

a.气液两相包裹体;b、c.纯液相和气液两相包裹体;d、e.含子矿物多相包裹体;f.纯气相包裹体

(4)含子矿物的多相包裹体(S型)。这类包裹体会成群出现,一般为三相,形态为椭圆形、不规则形,孤立分布,子矿物分透明和不透明两种。透明矿物为石盐,见于钼矿化阶段(图3-28d,e)。

2. 铜山铜矿床流体包裹体类型

铜山铜矿床石英中的流体包裹体主要有以下3种类型。

(1)气液两相包裹体(V+L型)。这种包裹体类型又包括:气液比$V_{H_2O}/(L_{H_2O}+V_{H_2O})<50\%$的富液相包裹体,呈椭圆形、多边形或不规则形,存在于各阶段的石英中,占包裹体总数的80%左右,大小一般4~17μm,气液比变化于3%~40%之间;气液比$V_{H_2O}/(L_{H_2O}+V_{H_2O})>50\%$的富气相包裹体,呈椭圆形或多边形,存在于早、中阶段石英中,占包裹体总数的5%左右,大小介于5~7μm之间,气液比变化于50%~85%之间(图3-29a,b,d,e)。

(2)纯气相包裹体(V型)。这种包裹体呈黑色,透明度较低,边缘粗黑,数量较少,大小一般3~8μm,有的可以达到15μm,包裹体呈暗灰—黑色,多为圆形或椭圆形,存在于中阶段石英中(图3-29c)。

(3)纯液相包裹体(L型)。这类包裹体呈无色透明状,大小一般1~4μm,有些可以达到14μm,在次生包裹体中出现较多(图3-29f)。

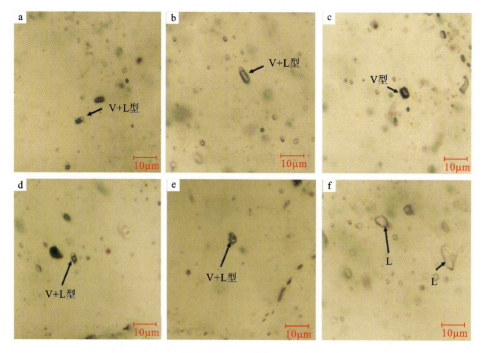

图3-29　铜山铜矿床流体包裹体岩相学特征

a、b.气液两相包裹体;c.纯气相包裹体;d、e.气液两相包裹体;f.纯液相包裹体

由于铜山矿区石英中的流体包裹体普遍较小,部分气液两相包裹体中见有灰黑色椭圆形的疑似含CO_2的气液分离相态,可能为含CO_2三相包裹体,但难以确认。

总体看来,多宝山矿床石英中的流体包裹体类型与铜山矿床类似。但多宝山矿床的石英中更常见含子矿物的流体包裹体,表明其流体盐度应高于铜山矿床,且其流体包裹体体积相对较大,数量也相对较多。

二、成矿流体温度和盐度

对多宝山铜矿的第Ⅱ、第Ⅲ阶段石英中流体包裹体进行了显微测温,结果如图3-30和图3-31所示。

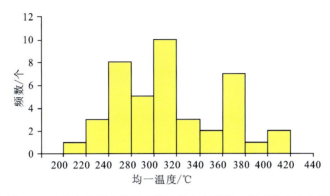

图 3-30 多宝山铜矿第Ⅱ阶段流体包裹体均一温度分布直方图

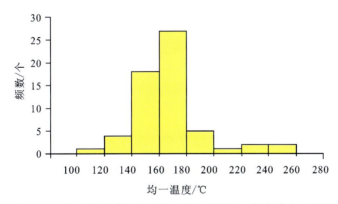

图 3-31 多宝山铜矿第Ⅲ阶段流体包裹体均一温度分布直方图

第Ⅱ阶段(石英-辉钼矿阶段):该阶段发育有V+L型流体包裹体和少量S型流体包裹体。包裹体形态以椭圆形、不规则形为主,有少量负晶形,大小集中在4~12μm之间。V+L型流体包裹体的均一温度范围为208.5~408.2℃,有两个峰值,分别集中在240~320℃之间和360~380℃之间,均值为306.5℃(图3-30)。S型流体包裹体部分均一到液相的温度为365.2℃,当加热到408.2℃时,子矿物消失。V+L型包裹体盐度范围为1.6%~10.1%NaCleqv,均值为5.8%NaCleqv,峰值集中在4%~8%NaCleqv。

第Ⅲ阶段(石英-黄铜矿阶段):该阶段流体包裹体主要为V+L型,包裹体形态以椭圆形、不规则形为主,大小主要集中在4~8μm之间。流体包裹体的均一温度范围为106.9~256.7℃,峰值集中在140~180℃之间,均值温度为174.3℃(图3-31)。流体包裹体盐度范围为1.4%~14.7% NaCleqv,均值为6.9% NaCleqv,峰值集中在4%~10% NaCleqv。

根据多宝山矿床流体包裹体的盐度-均一温度图解，从第Ⅱ阶段到第Ⅲ阶段，成矿流体的均一温度相对降低，而流体的盐度有升高的趋势（图3-32）。

对铜山矿区的第Ⅰ、第Ⅱ、第Ⅲ阶段石英中流体包裹体进行了显微测温，结果如图3-33所示。

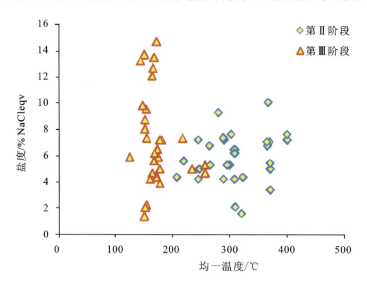

图3-32　多宝山铜矿第Ⅱ、第Ⅲ阶段流体包裹体盐度-均一温度散点图

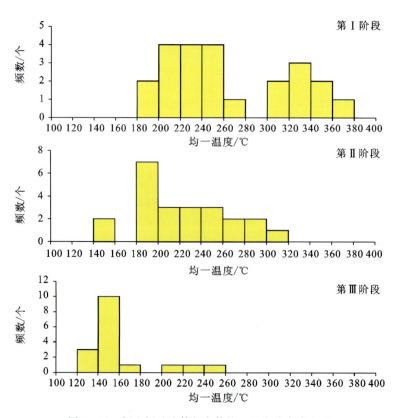

图3-33　铜山铜矿流体包裹体均一温度分布直方图

第Ⅰ阶段(石英-钾长石阶段)：该阶段石英中流体包裹体主要为 V+L 型,包裹体形态以椭圆形、不规则形为主,有少量为负晶形,包裹体大小主要集中在 2~8μm 之间。流体包裹体的均一温度范围为 183.7~361.1℃,存在两个明显的峰值,分别集中在 220~260℃ 之间和 300~360℃ 之间,均值为 263.6℃。

第Ⅱ阶段(石英-绿帘石-黄铜矿阶段)：该阶段石英中流体包裹体主要为 V+L 型,包裹体形态主要为椭圆形、负晶形,部分为不规则形。流体包裹体大小主要集中在 2~6μm 之间,均一温度范围为 145.9~306.6℃,峰值集中在 180~260℃ 之间,均值温度为 221.7℃。

第Ⅲ阶段(石英-多金属硫化物阶段)：该阶段石英中流体包裹体主要为 V+L 型,包裹体形态以椭圆形、不规则形为主,大小主要集中在 3~5μm 之间,均一温度范围为 130.8~253.2℃,峰值集中在 120~160℃ 之间,均值温度为 163.0℃。

三、成矿压力和深度

盐水溶液包裹体的温度-压力关系等容式：

$$P = a + b \times t + c \times t^2 \tag{3-1}$$

式中,P 为压力(Pa);t 为温度(℃);a、b、c 为无量纲参数。不同盐度和密度条件下,a、b、c 的参数不同。此处的温度 t 使用的是 V+L 型流体包裹体完全均一到液相的温度。由此公式即可计算出流体包裹体的最小捕获压力。

根据压力与深度形成的关系通式：

$$P = \rho g H \tag{3-2}$$

式中,P 为压力(Pa);ρ 为密度(kg/m^3);H 为深度(m);g 为重力加速度(m/s^2)。

大陆岩石的平均密度为 2.7×10^3 kg/m^3,重力加速度 g 取 9.81m/s^2。由于压力已经计算出,即可由此公式求得深度 H 的值。

多宝山铜矿第Ⅱ阶段 V+L 型流体捕获压力范围为 90.67×10^5~722.4×10^5 Pa,平均捕获压力为 277.6×10^5 Pa;第Ⅲ阶段 V+L 型包裹体的捕获压力范围为 53.54×10^5~485.01×10^5 Pa,平均捕获压力为 229.34×10^5 Pa。总体上,随着流体的变化,从第Ⅱ阶段到第Ⅲ阶段 V+L 型包裹体的平均捕获压力降低。

按照静岩压力梯度换算,第Ⅱ阶段最小捕获深度为 0.34~2.73km;第Ⅲ阶段最小捕获深度为 0.20~1.83km,表明多宝山矿床的成矿深度可能小于 3km。

四、成矿流体成分

多宝山和铜山矿床的流体包裹体气相成分和液相成分的分析结果分别列于表 3-9 和表 3-10。多宝山和铜山铜矿成矿流体的气相成分均为 H_2O、CO_2、N_2 和 O_2,含少量 CO、CH_4 等还原性气体。N_2 和 O_2 的存在表明成矿过程中有大气降水的加入。与多宝山矿床相比,铜山铜矿的成矿流体中 N_2 和 O_2 含量相对较高,表明流体中大气降水的占比相对较高。多宝山矿床第Ⅱ阶段的成矿流体中 CO_2 的含量比第Ⅲ阶段高,说明成矿过程中可能有 CO_2 的溢出和消耗。

表 3-9 多宝山和铜山矿床流体包裹体气相成分（$\times 10^{-6}$）

矿区	成矿阶段	样品编号	矿物名称	取样温度/℃	CH_4	$C_2H_2+C_2H_4$	C_2H_6	CO_2	H_2O	O_2	N_2	CO
多宝山	II	DBS-1	石英	100~500	0.237	0.454	0.059	401.105	297.189	89.359	521.519	26.243
	II	DBS-2	石英	100~500	0.068	0.204	0	184.198	229.913	152.439	716.919	12.507
	II	DBS-11	石英	100~500	0.155	0.392	0.036	265.018	194.381	84.973	458.197	20.729
	III	DBS-15	石英	100~500	0.038	0.086	0	145.874	451.691	105.635	494.881	2.531
	III	DBS-17	石英	100~500	0.081	0.313	0.027	239.812	223.769	100.448	511.970	14.476
	III	DBS-20	石英	100~500	0.058	0.202	0	169.769	172.385	147.365	682.500	4.827
铜山	I	TS-030	石英	100~500	0.167	0.236	0.03	242.256	351.379	134.059	641.557	9.409
	II	TS-031	石英	100~500	0.108	0.154	0.009	300.958	308.220	185.339	890.858	9.684
	II	TS-032	石英	100~500	0.122	0.157	0.009	251.852	512.463	122.017	591.572	14.865
	III	TS-033	石英	100~500	0.103	0.130	0	231.631	420.895	169.432	804.418	4.483

表 3-10 多宝山和铜山矿床流体包裹体液相成分（$\times 10^{-6}$）

矿区	成矿阶段	样品编号	矿物名称	Li^+	Na^+	K^+	Mg^{2+}	Ca^{2+}	F^-	Cl^-	NO_2^-	Br^-	NO_3^-	SO_4^{2-}
多宝山	II	DBS-1	石英	0	6.890	5.565	0.876	8.395	0.078	8.977	0	0	0.918	31.903
	II	DBS-2	石英	0	9.027	4.252	0.492	15.780	0.162	25.748	0	0	0.756	5.584
	II	DBS-11	石英	0	3.269	9.673	1.042	8.373	0.325	3.994	0	0	0.900	21.383
	III	DBS-15	石英	0	3.826	4.891	0.509	10.063	0.114	7.417	0	0	1.568	19.698
	III	DBS-17	石英	0	3.369	9.810	0.888	7.013	0.168	3.564	0	0	1.076	23.742
	III	DBS-20	石英	0	3.822	3.381	0.685	8.646	0.099	7.941	0	0	0.975	6.359
铜山	I	TS-030	石英	0	1.735	1.741	0.406	6.352	0.100	4.399	0	0	1.391	7.382
	II	TS-031	石英	0	1.789	1.241	0.620	7.445	0.090	4.644	0	0	1.494	7.668
	II	TS-032	石英	0	3.186	0.693	0.652	7.951	0.149	7.203	0	0	1.560	8.477
	III	TS-033	石英	0	4.315	0.573	0.913	8.099	0.084	9.138	0	0.072	0.758	5.921

多宝山和铜山矿床成矿流体的液相成分中,阳离子主要为 Na^+、K^+ 和 Ca^{2+},阴离子主要为 Cl^- 和 SO_4^{2-},此外还含有少量的 Mg^{2+} 和 NO_3^- 等离子。结合气相成分的分析结果,这两个矿床的成矿流体应总体为 $NaCl-H_2O-CO_2$ 体系。多宝山矿床的成矿流体中 Na^+、K^+、Ca^{2+}、Cl^- 和 SO_4^{2-} 的含量比铜山矿床要高,表明其成矿流体的盐度相对较大,这与流体包裹体的岩相学观察结果相一致。

由于成矿流体中 Cu 主要与 Cl^- 结合,以 $CuCl$、$CuCl_2^-$ 等络合物的形式迁移,流体中 Cl^- 含量的高低可能是 Cu 的溶解能力的一个指示标志。多宝山矿床第Ⅲ阶段(石英-黄铜矿阶段)成矿流体中的 Cl^- 含量相对第Ⅱ成矿阶段(石英-辉钼矿阶段)降低,表明成矿流体对 Cu 的溶解能力降低,可能是 Cu 在第Ⅲ阶段发生沉淀的原因之一。此外,多宝山铜矿的早期成矿流体中较高的 Cl^- 含量可能是其成大矿的一个重要因素,而铜山矿床成矿流体中的 Cl^- 含量相对较低,其成矿规模也相对较小。

第六节　成矿系列的成矿模式

多宝山和铜山矿床处于同一矿田之中,二者距离小于 5km。多宝山矿床的矿体主要产于花岗闪长岩之中,受岩体中的裂隙和断裂构造控制。铜山矿床的矿体主要产于奥陶纪火山岩地层中,其次产于隐伏的花岗闪长岩体之中,受地层中的断裂构造和隐伏岩体中的裂隙控制。多宝山矿区赋矿的花岗闪长岩形成于加里东期,铜山矿区出露地表的英云闪长岩形成于印支期,二者不是同一时代的产物。铜山矿区的英云闪长岩中无矿化出现,与成矿无关,而矿区隐伏的花岗闪长岩为其成矿母岩,该岩体在深部可能与多宝山矿区的花岗闪长岩相连。多宝山矿区花岗闪长斑岩的成岩年龄与赋矿的花岗闪长岩接近,其发生了蚀变但无明显矿化,根据野外观察及锆石 U-Pb 测年结果,该岩体的形成应略早于赋矿的花岗闪长岩。

早奥陶世受洋陆俯冲作用的影响在多宝山地区发育火山岛弧,形成了铜山组火山碎屑浊积岩与多宝山组中性—中酸性为主的钙碱性火山喷发岩。与火山喷发活动大致同期的岛弧型花岗杂岩侵入,产生富含挥发分和金属物质的岩浆,当岩浆底侵至地壳浅部(约 3km)并经历进一步的结晶分异作用,岩浆中的水与各类卤化物携带铜(钼)等成矿物质从岩浆中分离出来形成独立流体相,多宝山、铜山矿床的早期成矿流体以岩浆水为主,随着流体的迁移、冷却,并与大气降水混合,在花岗闪长岩体内部及围岩的断裂裂隙构造中,形成了相应的蚀变和铜(钼)矿化,其成矿模式如图 3-34 所示。

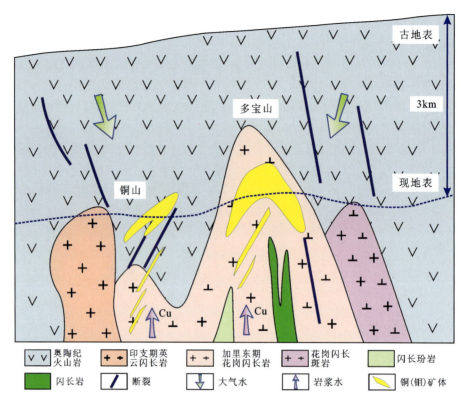

图 3-34　加里东期斑岩-矽卡岩型铜(钼)矿成矿系列成矿模式

第四章　晚古生代与海底火山热液及岩浆活动有关的成矿系列

晚古生代与海底火山热液及岩浆活动有关的成矿系列根据矿床成因类型可分为晚古生代矽卡岩-斑岩型铅、锌、铜、铁成矿亚系列和晚古生代火山-沉积型铁(锌)、铜矿成矿亚系列。鉴于资料的完善程度，本书重点对前一个成矿亚系列进行了研究分析。

该成矿亚系列主要发育于塔源地区，该区处于古生代古亚洲洋构造-成矿域与中生代环太平洋构造-成矿域两个全球构造-成矿域的叠合部位。大地构造位置处于额尔古纳地块与大兴安岭弧盆系交接处，兴华-塔源断裂带附近，区内构造-岩浆活动强烈(图4-1a)。

目前该成矿亚系列发现矿床有塔源二支线铅锌铜矿床、梨子山铁多金属矿床等。在塔源二支线晚石炭世闪长岩($C_2\delta$)侵入上石炭统新伊根河组(C_2x)，在接触带发生交代作用，形成矽卡岩型铅锌铜矿体。稍晚有花岗闪长斑岩侵位，形成斑岩型铜钼矿化体的叠加。

第一节　成矿条件

一、地层

区内出露的地层主要有下奥陶统—下志留统倭勒根岩群($O_1S_1Wl.$)，上石炭统新伊根河组(C_2x)，白垩系白音高老组(K_1by)和龙江组(K_1l)以及第四系(图4-1b)。

(1)倭勒根岩群：出露面积较小，下部吉祥沟岩组岩性为砂质板岩、绢云板岩、千枚岩，上部大网子岩组，岩性主要为变泥质粉砂岩、变石英细砂岩、长石石英细砂岩、粉砂岩。

(2)新伊根河组：出露面积较小，岩性为绿泥绢云板岩、硅质板岩、石英砂岩、凝灰岩。

(3)白音高老组：呈大面积出露，岩性为酸性熔岩、英安质凝灰岩。

(4)龙江组：区内大面积出露，岩性主要为安山岩、粗安岩、凝灰岩。

(5)第四系：一般分布于沟谷之中，主要为砂砾石层细砂层和腐植土、黄黏土等堆积物。

二、构造

区内构造有塔哈河断裂，为区内规模最大的一条断裂，呈北东向，区内出露长度约19km。其次发育有北西向、北北西向、北北东向、南北向断裂。其中北北东向、南北向、北北西向断裂构造为区内容矿构造，塔源金银铜矿床和塔源铅锌铜矿床严格受此构造控制。

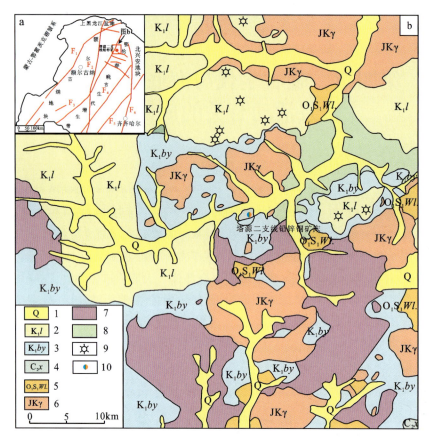

图4-1 塔源地区大地构造位置图(a)及区域地质简图(b)
(据黑龙江省齐齐哈尔矿产勘查开发总院,2004略改)

1.第四系;2.龙江组;3.白音高老组;4.新伊根河组;5.倭勒根岩群;6.燕山期侵入岩;7.海西期侵入岩;8.晋宁期侵入岩;9.火山机构;10.塔源二支线铅锌铜矿床;F_1.得尔布干深断裂带;F_2.大兴安岭主脊-林西深断裂带;F_3.头道桥-鄂伦春深断裂带;F_4.查干敖包-五叉沟深断裂带;F_5.贺根山-新开岭深断裂带;F_6.嫩江-林西深断裂带

三、岩浆岩

侵入岩分布有晋宁期超基性岩、辉长岩、花岗岩,印支晚期碱长花岗岩,燕山早期正长花岗岩、黑云母花岗闪长岩、石英闪长岩,燕山中期正长花岗岩、黑云母花岗岩、花岗闪长斑岩、花斑岩。脉岩有闪长岩、闪长玢岩、二长斑岩、花岗斑岩等。

第二节 主要矿床类型及特征

区内典型矿床主要为近年发现的塔源二支线矽卡岩型铅锌铜矿床,在深部岩体中见有细脉-浸染状铜钼矿化。

一、矿体特征

矿床主要为铅锌矿体,另有少量的铜矿体和钼矿体,矿体均呈脉状产于新伊根河组中,且受近南北向、北北东向地层界面以及构造裂隙带控制(图4-2)。矿体长一般100~200m,延深几十米至300余米(图4-3)。

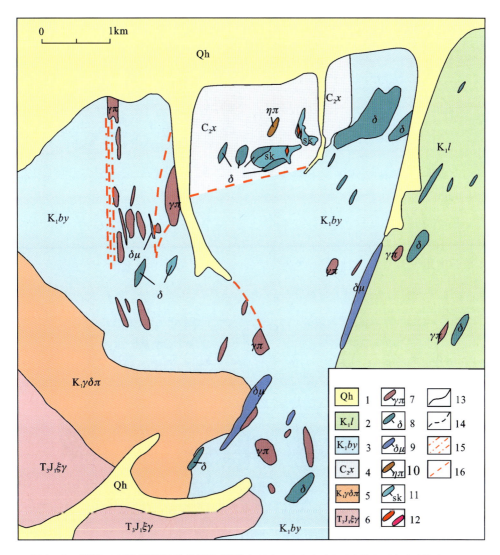

图4-2 塔源二支线铅锌铜矿矿区地质图(据黑龙江省齐齐哈尔矿产勘查开发总院修编,2004)
1.第四系全新统;2.下白垩统龙江组;3.下白垩统白音高老组;4.上石炭统新伊根河组;5.花岗闪长斑岩;
6.正长花岗岩;7.花岗斑岩;8.闪长岩脉;9.闪长玢岩脉;10.二长斑岩脉;11.矽卡岩;12.矿体、矿化体;
13.地质界线;14.推断地质界线;15.糜棱岩化带;16.断层

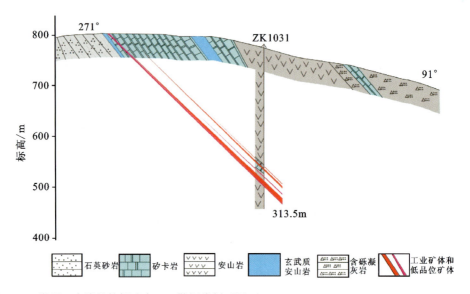

图 4-3　塔源二支线铅锌铜矿床 103 勘探线剖面图（据黑龙江省齐齐哈尔矿产勘查开发总院，2004 略改）

二、矿石特征

1. 矿石类型

矿区矿石类型较简单，主要有浸染状矿石、条带状矿石，少量块状矿石及脉状矿石（图4-4）。

图 4-4　塔源二支线铅锌铜矿床矿石类型
a.条带状矿石；b.浸染状矿石；c.块状矿石；d.脉状矿石

2. 矿石矿物成分

矿区矿物成分较为简单,矿石矿物有闪锌矿、方铅矿,还有少量的黄铜矿、斑铜矿及铜蓝,脉石矿物主要有黄铁矿、石榴子石、透辉石、绿帘石、石英以及方解石等。

3. 矿石结构和矿石构造

(1)矿石结构:主要有半自形—他形粒状结构、填隙结构和交代结构等(图4-5)。

(2)矿石构造:主要有浸染状构造,次为条带状构造、块状构造和脉状构造。

图4-5 塔源二支线铅锌铜矿床矿石结构图

方铅矿交代闪锌矿形成孤岛状和港湾状结构;b.方铅矿充填、交代黄铁矿;c.铜蓝呈锯齿状交代黄铜矿;d.闪锌矿呈叶片状出溶的黄铜矿;e.黄铜矿沿黄铁矿裂纹充填;f.黄铜矿交代黄铁矿;g.闪锌矿交代黄铁矿;h.铜蓝交代黄铜矿;i.斑铜矿交代黄铜矿;Gn.方铅矿;Sp.闪锌矿;Ccp.黄铜矿;Py.黄铁矿;Cv.铜蓝;Bn.斑铜矿

三、成矿期成矿阶段

根据野外调研和室内观察,塔源二支线矽卡岩型铅锌铜矿的成矿可以划分为两个成矿期:矽卡岩期和石英硫化物期。其中矽卡岩期可划分为干矽卡岩阶段和湿矽卡岩阶段,石英

硫化物期可划分为早硫化物阶段和晚硫化物阶段(表 4-1)。

表 4-1 塔源二支线铅锌铜矿矿物生成顺序表

主要矿物	矽卡岩期		石英硫化物期	
	干矽卡岩阶段	湿矽卡岩阶段	早硫化物阶段	晚硫化物阶段
石榴子石	▬			
透辉石	▬			
绿帘石		▬		
透闪石		▬		
石英			▬	▬
黄铁矿			▬	
闪锌矿				▬
黄铜矿				▬
斑铜矿				▬
方铅矿				▬
碳酸盐矿物				▬

四、围岩蚀变

矿床围岩蚀变主要有矽卡岩化(石榴子石矽卡岩化、透辉石矽卡岩化和绿帘石矽卡岩)、绢云母化、绿泥石化、硅化。安山岩普遍发生绿帘石化、绢云母化、绿泥石化和硅化,并伴有铅锌矿化,这些蚀变矿物常形成杏仁体充填于安山岩的气孔中。其中,矽卡岩化、硅化、绿帘石化、黄铁矿化与铅锌矿化关系密切。

第三节 成矿岩体特征

区内岩浆活动强烈,不同世代、不同岩性的侵入岩广泛发育,主要为中酸性侵入岩。另外,火山岩分布较广泛。室内外研究认为,与铅锌成矿有关的岩体为深部的闪长岩。在对成矿岩体开展相关研究的同时,也对矿区外围花岗闪长斑岩进行了研究。

一、岩石学特征

花岗闪长斑岩(EZ-0202、EZ-0203):灰白色,斑状结构,斑晶主要为斜长石、石英和黑云母,含量约为15%。基质成分与斑晶相似,显微镜下斜长石斑晶聚片双晶和卡纳复合双晶发育。

细粒闪长岩(EZ-0451、EZ-0453):灰黑色,细粒结构,块状构造。主要矿物为斜长石、石英、黑云母。

中粗粒闪长岩(EZ-0461、EZ-0463):中粗粒结构,块状构造。主要矿物为斜长石、石英、角闪石、黑云母,暗色矿物含量在35%左右,石英含量在10%左右。

玄武质安山岩(EZ-041、EZ-043)和杏仁状玄武质安山岩(EZ-0401、EZ-0403):灰黑色,斑状结构,块状构造、杏仁状构造。主要矿物有拉长石、透辉石、角闪石等。其中杏仁状玄武质安山岩中的杏仁主要有绿泥石、绿帘石和金属硫化物构成。需要说明的是,在以往的勘探报告中将其定名为闪长岩。

主要岩体的典型岩石特征见图4-6。

图4-6 塔源二支线铅锌铜矿岩浆岩岩石特征(左为手标本,右为对应镜下照片)
Pl. 斜长石;Hb. 角闪石;Q. 石英;Bi. 黑云母;Ep. 绿帘石;Sul. 金属硫化物

二、岩石地球化学特征

1. 主量元素

岩石地球化学分析结果表明,花岗闪长斑岩、中粗粒闪长岩以及细粒闪长岩的 SiO_2 含量和 Na_2O+K_2O 含量较为接近(表 4-2), SiO_2 含量为 53.47%～58.01%, Na_2O+K_2O 含量为 5.87%～6.62%,在 TAS 图解中投影在二长闪长岩和二长岩区域(图 4-7)。花岗闪长斑岩样品具有相对较高的 K_2O/Na_2O 值,为 0.97～0.98,其余样品均显示出较低的 K_2O/Na_2O 值,变化于 0.22～0.56 之间。在 K_2O-SiO_2 图解中,花岗闪长斑岩和细粒闪长岩样品投点落于高钾钙碱性系列区域,中粗粒闪长岩样品投点落于高钾钙碱性系列和钙碱性系列的分界线附近(图 4-8)。

表 4-2 塔源二支线地区不同岩浆岩的主量元素(%)和微量元素($\times 10^{-6}$)分析结果

岩石类型	花岗闪长斑岩		细粒闪长岩		中粗粒闪长岩	
样品编号	EZ-0202	EZ-0203	EZ-0451	EZ-0453	EZ-0461	EZ-0463
Na_2O	3.35	3.32	3.92	3.90	4.36	4.46
MgO	4.83	4.52	4.67	4.65	4.63	4.56
Al_2O_3	17.26	16.88	16.46	16.37	17.68	17.78
SiO_2	57.08	58.01	55.51	55.84	53.47	53.56
P_2O_5	0.32	0.32	0.50	0.49	0.47	0.45
K_2O	3.27	3.21	2.19	2.14	1.51	1.49
CaO	4.10	4.12	6.37	6.31	7.69	7.65
TiO_2	1.17	1.16	1.31	1.33	1.28	1.26
MnO	0.08	0.07	0.13	0.13	0.13	0.13
Fe_2O_3	2.35	2.19	2.12	2.03	2.46	2.55
FeO	3.95	3.98	4.35	4.45	4.55	4.38
H_2O^+	1.82	1.80	2.07	1.97	1.41	1.38
CO_2	0.18	0.18	0.11	0.11	0.04	0.04
Na_2O+K_2O	6.62	6.53	6.11	6.04	5.87	5.95
K_2O/Na_2O	0.98	0.97	0.56	0.55	0.35	0.33
A/NK	1.91	1.89	1.87	1.87	2.01	1.99
A/CNK	1.04	1.03	0.81	0.81	0.77	0.78
Li	27.5	27.7	19.2	19.8	21.4	16.1
Be	3.43	3.27	2.13	2.08	1.82	2.02

续表 4-2

岩石类型	花岗闪长斑岩		细粒闪长岩		中粗粒闪长岩	
样品编号	EZ-0202	EZ-0203	EZ-0451	EZ-0453	EZ-0461	EZ-0463
Sc	17.7	17.5	17.1	16.8	20.9	17.6
V	139	136	149	145	213	167
Cr	56.6	51.4	92.3	86.6	17.0	13.4
Co	30.5	32.6	34.3	40.0	68.0	44.1
Ni	45.2	44.3	40.4	39.1	44.4	35.9
Cu	52.1	59.6	22.0	20.5	66.1	49.7
Zn	87.6	82.7	94.1	91.5	92.4	78.7
Ga	21.5	21.2	19.8	19.5	20.8	20.6
Rb	147	147	56.6	55.1	35.6	32.6
Sr	590	618	951	926	1187	1392
Y	29.9	29.5	23.7	23.0	25.7	24.1
Zr	120	136	224	197	217	159
Nb	16.6	16.1	22.7	22.1	20.7	19.6
Mo	12.8	14.4	0.71	0.71	0.96	1.13
Sn	6.82	8.04	2.16	2.16	1.80	1.64
Cs	9.49	9.05	1.98	1.92	1.93	1.69
Ba	530	536	859	819	568	572
La	37.9	34.3	39.6	39.2	43.2	40.1
Ce	76.9	71.8	84.1	82.6	84.5	81.5
Pr	8.93	8.51	9.75	9.59	9.80	9.44
Nd	34.8	33.3	37.4	36.7	37.1	35.7
Sm	6.92	6.75	6.75	6.92	6.93	6.41
Eu	1.62	1.55	1.78	1.80	1.79	1.73
Gd	5.84	5.76	5.36	5.14	5.34	5.02
Tb	0.94	0.89	0.78	0.75	0.79	0.75
Dy	5.49	5.44	4.37	4.31	4.68	4.39
Ho	1.04	1.02	0.85	0.81	0.92	0.85
Er	2.95	2.87	2.20	2.19	2.48	2.32
Tm	0.44	0.43	0.33	0.32	0.37	0.35
Yb	2.78	2.64	2.05	2.08	2.38	2.20

续表 4-2

岩石类型	花岗闪长斑岩		细粒闪长岩		中粗粒闪长岩	
样品编号	EZ-0202	EZ-0203	EZ-0451	EZ-0453	EZ-0461	EZ-0463
Lu	0.39	0.36	0.30	0.30	0.36	0.33
Hf	3.22	3.51	5.08	4.61	4.85	3.65
Ta	1.34	1.27	1.43	1.44	1.06	1.13
Tl	2.51	2.53	0.53	0.52	0.26	0.23
Pb	16.8	16.7	16.0	15.0	10.0	10.4
Th	5.16	4.91	6.73	6.55	4.41	4.54
U	1.77	1.77	2.16	2.04	1.23	1.15
LREE	167	156	179	177	183	175
HREE	50	49	40	39	43	40
ΣREE	217	205	219	216	226	215
$(La/Yb)_N$	9.2	8.8	13.0	12.7	12.3	12.3

注：主量元素测定由国土资源部武汉矿产资源监督检测中心完成；微量稀土元素由中国地质大学地质过程与矿产资源国家重点实验室 ICP-MS 测定。

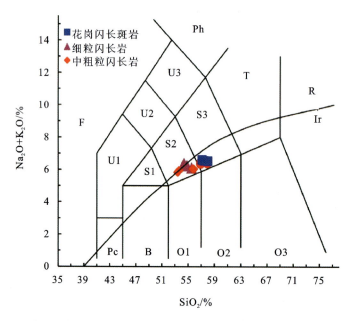

图 4-7 塔源二支线铅锌铜矿床岩浆岩的硅-碱图解（底图据 Middlemost,1994）
Ir. Irvine 分界线,上方为碱性,下方为亚碱性；O1. 玄武安山岩；O2. 安山岩；R. 流纹岩；
S1. 粗面玄武岩；S2. 玄武质粗面安山岩；S3. 粗面安山岩；T. 粗面岩、粗面英安岩；
U1. 碱玄岩、碧玄岩；U2. 响岩质碱玄岩；U3. 碱玄质响岩

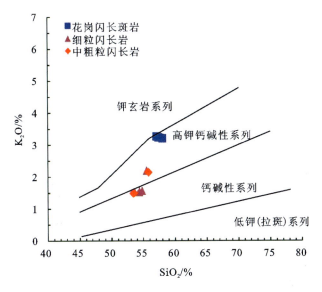

图 4-8　塔源二支线铅锌铜矿床岩浆岩的 K_2O - SiO_2 图解

(底图据 Martin et al,2005)

所有样品的 A/NK 值变化于 1.68~2.01 之间，A/CNK 值变化于 0.77~1.04 之间，在 A/NK - A/CNK 图解中，除花岗闪长斑岩样品投影在过铝质区域外，其余样品均落在准铝质区域(图 4-9)。各样品的 MgO 含量变化于 1.6%~4.83% 之间，Fe_2O_3 含量变化于 2.03%~6.46% 之间，FeO 含量变化于 3.95%~6.05% 之间。

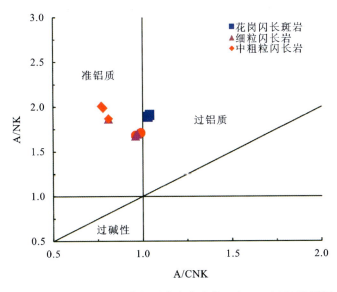

图 4-9　塔源二支线铅锌铜矿床岩浆岩的 A/NK - A/CNK 图解

(底图据 Maniar and Piccoli,1989)

2. 微量元素

微量元素分析数据列于表 4-2,原始地幔标准化的微量元素蛛网图如图 4-10 所示。从图和表中可以看出,除杏仁状玄武质安山岩样品以外,其余样品表现出较为一致的微量元素配分特征。杏仁状玄武质安山岩明显富集 Pb、Rb、Th、U 等元素,但相对亏损 Ba、Nd、Ta、Sr、Ti 等元素;其余样品则表现出相对富集 Rb、Ba、Th、U、Pb、Sr 等大离子亲石元素,而亏损 Nb、Ta、P、Ti 等高场强元素。

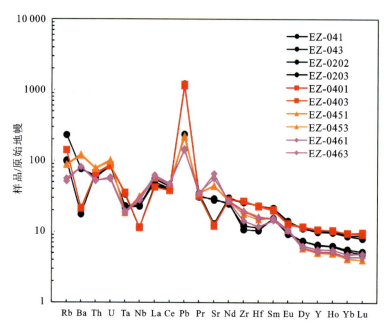

图 4-10 塔源二支线铅锌铜矿床原始地幔标准化的微量元素蛛网图
(标准值据 Sun and McDonough,1989)

3. 稀土元素

在稀土元素球粒陨石标准化配分图中(图 4-11),玄武质安山岩样品与杏仁状玄武质安山岩样品表现出较为一致的配分模式,而花岗闪长斑岩、细粒闪长岩和中粗粒闪长岩样品的稀土配分模式较为相似。杏仁状玄武质安山岩样品与玄武质安山岩样品具有相对较高的稀土含量($234 \times 10^{-6} \sim 243 \times 10^{-6}$)和相对较弱的轻重稀土分异程度[$(La/Yb)_N = 4.2 \sim 4.8$]。与之相比,花岗闪长斑岩、细粒闪长岩和中粗粒闪长岩样品的稀土含量相对较低($205 \times 10^{-6} \sim 226 \times 10^{-6}$),轻重稀土分异程度相对较强[$(La/Yb)_N = 8.8 \sim 13.0$]。所有样品均具有弱的负 Eu 异常,$\delta Eu$ 值介于 $0.74 \sim 0.90$ 之间,可能与岩浆结晶过程中早期斜长石的结晶有关。

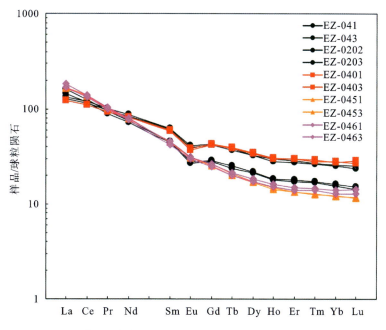

图 4-11 塔源二支线铅锌铜矿床稀土元素球粒陨石标准化配分图
(标准值据 Anders and Grevesse,1989)

三、U-Pb 年代学特征

对矿区内主要岩浆岩进行了锆石 U-Pb 年代学研究,测试结果见表 4-3。

花岗闪长斑岩(EZ-20)中锆石主要为半自形短柱状,粒径 70～200μm,长宽比值为(1～2)/1。锆石多具有清晰的振荡环带,少数锆石具有斑杂状结构(图 4-12),除了一个锆石测点具有异常低的 Th/U 值外,其余测点的 Th/U 值均较高,为 0.37～1.12,暗示其岩浆成因。$^{206}Pb/^{238}U$ 年龄平均值为(318.4±2.1)Ma($n=18$,MSWD=0.053),代表了该花岗闪长斑岩的结晶年龄(图 4-13)。

细粒闪长岩(EZ-45)中的锆石多为板状或短柱状,粒径 60～220μm,长宽比值为(1～2.5)/1。锆石多具有斑杂状或补丁状结构,部分锆石不发光,仅有少量锆石显示出弱的振荡生长环带,表明锆石的成因可能较为复杂。但其 Th/U 值很高,变化范围较宽(0.79～3.83),故初步认为锆石可能仍主要为岩浆成因。根据测试结果,其年龄的谐和度较低,但 $^{206}Pb/^{238}U$ 年龄整体变化于较小的范围(285～334Ma),$^{206}Pb/^{238}U$ 年龄平均值为(316.5±8.6)Ma($n=10$,MSWD=7.7),可能代表了大致的成岩作用时间。

中粗粒闪长岩(EZ-46)中的锆石为短柱状—长柱状,多为半自形,少量为自形或他形。锆石粒径 70～300μm,长宽比值为(1～3)/1。锆石边部多具有较窄的振荡环带,部分具有条痕状吸收的特点,除两个测点具有相对较低的 Th/U 值(0.18 和 0.21)外,其余测点的 Th/U 值均较高,变化于 0.42～2.18 之间,表明锆石为岩浆成因。$^{206}Pb/^{238}U$ 年龄平均值为(321.9±2.6)Ma($n=18$,MSWD=0.082),代表了其结晶年龄。

表 4-3 塔源二支线铅锌铜矿床锆石 U-Pb 测年数据

点号	Th/×10⁻⁶	U/×10⁻⁶	Th/U	同位素比值								年龄/Ma					
				$^{207}Pb/^{206}Pb$	1σ	$^{207}Pb/^{235}U$	1σ	$^{206}Pb/^{238}U$	1σ			$^{207}Pb/^{235}U$	1σ	$^{206}Pb/^{238}U$	1σ		
花岗闪长斑岩(EZ-20)																	
1	30	70	0.43	0.058 84	0.004 20	0.392 25	0.024 57	0.051 01	0.001 03			336	18	321	6		
2	73	101	0.72	0.054 25	0.003 00	0.370 49	0.019 94	0.050 56	0.000 76			320	15	318	5		
3	57	127	0.45	0.054 61	0.002 95	0.373 54	0.019 93	0.050 49	0.000 70			322	15	318	4		
4	131	187	0.70	0.054 49	0.002 41	0.373 97	0.015 57	0.050 33	0.000 70			323	12	317	4		
5	139	147	0.94	0.054 29	0.002 80	0.373 87	0.018 42	0.050 61	0.000 73			323	14	318	4		
6	18	205	0.09	0.055 15	0.002 49	0.386 48	0.017 12	0.050 78	0.000 62			332	13	319	4		
7	88	103	0.85	0.060 89	0.003 22	0.424 47	0.023 16	0.050 66	0.000 78			359	17	319	5		
8	328	292	1.12	0.053 22	0.002 19	0.372 90	0.015 59	0.050 47	0.000 63			322	12	317	4		
9	37	76	0.49	0.057 23	0.003 65	0.395 84	0.025 20	0.050 60	0.000 90			339	18	318	6		
10	82	117	0.70	0.059 43	0.003 50	0.412 35	0.024 05	0.050 57	0.000 84			351	17	318	5		
11	64	171	0.37	0.055 90	0.002 85	0.382 90	0.018 93	0.050 54	0.000 66			329	14	318	4		
12	80	108	0.74	0.054 82	0.002 96	0.381 55	0.021 03	0.050 83	0.000 80			328	15	320	5		
13	114	149	0.77	0.064 19	0.003 54	0.450 22	0.024 82	0.050 97	0.000 69			377	17	320	4		
14	84	85	0.99	0.079 70	0.005 48	0.567 70	0.041 05	0.050 78	0.001 00			457	27	319	6		
15	115	264	0.43	0.050 64	0.002 35	0.351 02	0.015 10	0.050 69	0.000 65			305	11	319	4		
16	81	150	0.54	0.055 95	0.002 24	0.508 43	0.020 41	0.065 92	0.000 95			417	14	412	6		
17	155	157	0.99	0.052 96	0.002 88	0.367 01	0.019 66	0.050 51	0.000 67			317	15	318	4		

续表 4-3

点号	Th/×10⁻⁶	U/×10⁻⁶	Th/U	同位素比值						年龄/Ma			
				$^{207}Pb/^{206}Pb$	1σ	$^{207}Pb/^{235}U$	1σ	$^{206}Pb/^{238}U$	1σ	$^{207}Pb/^{235}U$	1σ	$^{206}Pb/^{238}U$	1σ
18	81	151	0.54	0.053 66	0.002 52	0.369 38	0.017 08	0.050 66	0.000 62	319	13	319	4
19	60	69	0.86	0.063 97	0.004 07	0.433 27	0.028 27	0.050 54	0.001 01	365	20	318	6
20	79	81	0.97	0.064 35	0.003 41	0.443 84	0.024 15	0.050 71	0.000 87	373	17	319	5
细粒闪长岩（EZ-45）													
1	253	862	0.29	0.070 07	0.003 12	0.494 13	0.021 48	0.050 35	0.000 65	408	15	317	4
2	25 140	6570	3.83	0.056 58	0.001 62	0.372 26	0.012 75	0.046 77	0.000 78	321	9	295	5
3	10 144	3542	2.86	0.080 93	0.002 54	0.549 42	0.018 99	0.048 14	0.000 58	445	12	303	4
4	3726	1964	1.90	0.055 15	0.001 86	0.387 69	0.014 46	0.050 12	0.000 79	333	11	315	5
5	1213	905	1.34	0.056 16	0.002 33	0.417 20	0.017 90	0.053 15	0.000 69	354	13	334	4
6	4383	1912	2.29	0.066 05	0.002 29	0.484 65	0.017 45	0.052 84	0.000 96	401	12	332	6
7	1875	1184	1.58	0.068 04	0.002 84	0.504 09	0.022 26	0.052 80	0.000 76	414	15	332	5
8	4384	2076	2.11	0.061 38	0.001 76	0.429 62	0.013 46	0.050 16	0.000 70	363	10	315	4
9	12 152	3868	3.14	0.068 19	0.002 40	0.484 89	0.019 73	0.050 51	0.000 67	401	13	318	4
10	369	467	0.79	0.066 29	0.002 86	0.458 99	0.019 22	0.050 03	0.000 63	384	13	315	4
中粗粒闪长岩（EZ-46）													
1	1314	602	2.18	0.052 54	0.002 06	0.376 51	0.014 99	0.051 20	0.000 67	324	11	322	4
2	92	219	0.42	0.054 82	0.003 46	0.385 97	0.024 89	0.051 05	0.000 87	331	18	321	5
3	222	233	0.95	0.056 24	0.003 34	0.397 13	0.023 23	0.051 31	0.000 87	340	17	323	5

续表 4-3

点号	Th/×10⁻⁶	U/×10⁻⁶	Th/U	同位素比值							年龄/Ma			
				$^{207}Pb/^{206}Pb$	1σ	$^{207}Pb/^{235}U$	1σ	$^{206}Pb/^{238}U$	1σ	$^{207}Pb/^{235}U$	1σ	$^{206}Pb/^{238}U$	1σ
4	166	165	1.01	0.052 46	0.003 66	0.367 32	0.024 39	0.051 25	0.000 91	318	18	322	6
5	125	150	0.83	0.059 61	0.004 67	0.411 53	0.029 99	0.051 36	0.001 09	350	22	323	7
6	30	162	0.18	0.059 39	0.004 89	0.415 25	0.032 87	0.051 09	0.001 14	353	24	321	7
7	186	245	0.76	0.054 51	0.003 52	0.389 32	0.026 15	0.050 91	0.001 05	334	19	320	6
8	108	150	0.72	0.052 36	0.003 06	0.364 38	0.020 30	0.051 05	0.001 06	315	15	321	6
9	840	462	1.82	0.053 40	0.002 24	0.384 53	0.016 00	0.051 36	0.000 71	330	12	323	4
10	22	104	0.21	0.054 99	0.005 28	0.380 49	0.033 75	0.051 51	0.001 50	327	25	324	9
11	297	214	1.39	0.058 03	0.004 88	0.414 75	0.033 84	0.051 68	0.001 02	352	24	325	6
12	165	189	0.87	0.057 77	0.003 39	0.409 48	0.023 80	0.051 24	0.000 95	348	17	322	6
13	159	157	1.02	0.056 06	0.005 46	0.380 33	0.034 24	0.050 78	0.001 05	327	25	319	6
14	90	82	1.10	0.070 19	0.005 96	0.497 82	0.037 26	0.052 80	0.001 19	410	25	332	7
15	325	232	1.40	0.053 84	0.003 08	0.382 03	0.021 02	0.051 24	0.000 80	329	15	322	5
16	606	366	1.65	0.054 11	0.003 48	0.384 50	0.024 45	0.051 43	0.000 76	330	18	323	5
17	410	272	1.51	0.052 55	0.002 91	0.367 72	0.019 82	0.050 74	0.000 79	318	15	319	5
18	158	150	1.05	0.054 63	0.004 60	0.391 71	0.033 86	0.051 85	0.001 33	336	25	326	8
19	210	236	0.89	0.029 99	0.004 03	0.202 63	0.026 70	0.050 25	0.000 97	187	23	316	6
20	106	120	0.88	0.059 62	0.004 95	0.406 83	0.032 15	0.050 88	0.001 12	347	23	320	7

注：由中国地质大学地质过程与矿产资源国家重点实验室ICP－MS测定。

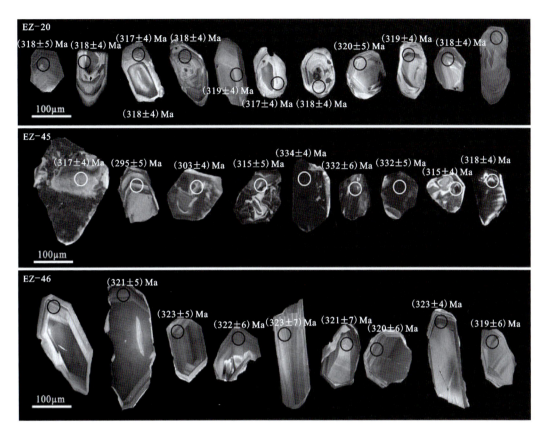

图 4-12 塔源二支线铅锌铜矿床典型锆石的阴极发光图像及测年结果

四、Hf 同位素特征

根据锆石 U-Pb 年龄,选取了较合适的锆石进行 Hf 同位素分析,分析结果列于表 4-3。花岗闪长斑岩(EZ-20)的 $(^{176}Hf/^{177}Hf)_i$ 值为 0.282 639~0.282 695,$\varepsilon_{Hf}(t)$ 值为 2.0~3.8,对应的地壳模式年龄(T_{DM2})为 990~1087Ma;细粒闪长岩样品(EZ-45)的 5 个测点中,一个测点的 $(^{176}Hf/^{177}Hf)_i$ 值极低,为 0.282 022,相应的 $\varepsilon_{Hf}(t)=-22.1$,$T_{DM2}=$ 2389Ma,其余 4 个测点的 $(^{176}Hf/^{177}Hf)_i$ 值为 0.282 734~0.282 826,$\varepsilon_{Hf}(t)$ 值为 4.2~7.0,相应的地壳模式年龄(T_{DM2})为 814~971Ma;中粗粒闪长岩(EZ-46)的 $(^{176}Hf/^{177}Hf)_i$ 值为 0.282 674~0.282 752,$\varepsilon_{Hf}(t)$ 值为 2.0~3.8,对应的地壳模式年龄(T_{DM2})为 935~1105Ma。

Hf 同位素分析结果表明,上述 3 个样品的 $\varepsilon_{Hf}(t)$ 值主要为正值,且地壳模式年龄较年轻(除一个测点外,其余为 814~1105Ma),表明它们的源区应该为亏损地幔或初生地壳物质,可能是中元古代—新元古代的结晶基底。其中一个测点具有极低的 $\varepsilon_{Hf}(t)$ 值(-22.1),$T_{DM2}=2389Ma$,表明源区可能也有古元古代古老地壳物质的加入(图 4-14)。

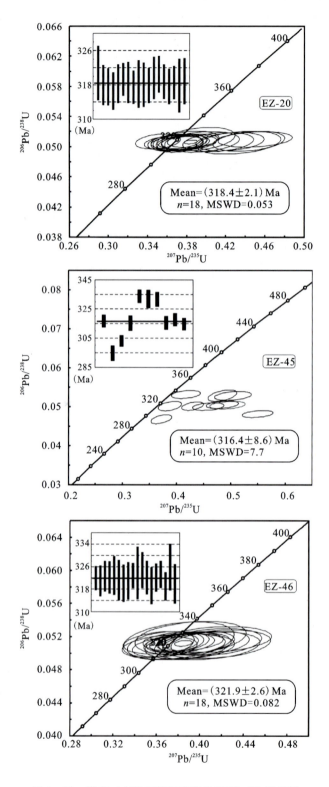

图 4-13 塔源二支线铅锌铜矿床锆石 U-Pb 谐和图

第四章 晚古生代与海底火山热液及岩浆活动有关的成矿系列

表4-4 塔源二支线铅锌铜矿床锆石Hf同位素数据

点号	年龄/Ma	$^{176}Yb/^{177}Hf$	$^{176}Lu/^{177}Hf$	$^{176}Hf/^{177}Hf$	2σ	$(^{176}Hf/^{177}Hf)_i$	$\varepsilon_{Hf}(0)$	$\varepsilon_{Hf}(t)$	T_{DM1}	T_{DM2}	$f_{Lu/Hf}$
花岗闪长斑岩(EZ-20)											
B1	321	0.024 845	0.000 667	0.282 647	0.000 028	0.282 643	-4.4	2.5	850	1065	-0.98
B2	318	0.028 733	0.000 741	0.282 651	0.000 026	0.282 664	-4.3	2.5	846	1059	-0.98
B3	317	0.013 158	0.000 354	0.282 634	0.000 024	0.282 639	-4.9	2.0	860	1087	-0.99
B4	318	0.034 128	0.000 888	0.282 687	0.000 028	0.282 695	-3.0	3.8	798	990	-0.97
B5	320	0.037 047	0.000 961	0.282 651	0.000 031	0.282 678	-4.3	2.6	850	1060	-0.97
细粒闪长岩(EZ-45)											
B1	295	0.051 688	0.001 371	0.281 979	0.000 036	0.282 022	-28.1	-22.1	1808	2389	-0.96
B2	318	0.191 562	0.004 318	0.282 796	0.000 057	0.282 826	0.8	7.0	709	814	-0.87
B3	332	0.089 573	0.002 598	0.282 704	0.000 054	0.282 782	-2.4	4.4	811	971	-0.92
B4	334	0.038 617	0.001 051	0.282 697	0.000 046	0.282 734	-2.6	4.9	787	957	-0.97
B5	303	0.179 404	0.004 214	0.282 724	0.000 055	0.282 765	-1.7	4.2	817	958	-0.87
中粗粒闪长岩(EZ-46)											
B1	322	0.032 835	0.000 860	0.282 627	0.000 042	0.282 707	-5.1	1.8	881	1105	-0.97
B2	321	0.067 526	0.001 793	0.282 692	0.000 037	0.282 740	-2.8	3.9	810	988	-0.95
B3	322	0.025 342	0.000 705	0.282 650	0.000 035	0.282 674	-4.3	2.6	846	1058	-0.98
B4	321	0.083 663	0.002 148	0.282 721	0.000 041	0.282 752	-1.8	4.8	775	935	-0.94
B5	323	0.040 141	0.001 187	0.282 657	0.000 035	0.282 685	-4.1	2.8	847	1050	-0.96

注：由中国地质大学地质过程与矿产资源国家重点实验室ICP-MS测定。

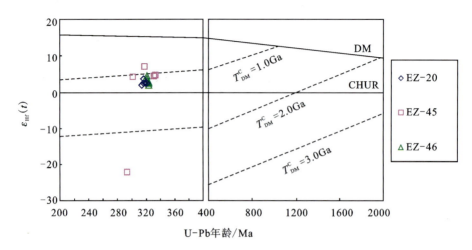

图4-14 塔源二支线铅锌铜矿床不同侵入岩中锆石的 Hf 同位素组成

第四节 成矿作用

一、成矿物质来源

1. 成矿流体来源

本研究采集的3件样品信息及其流体氢氧同位素分析结果见表4-5。

表4-5 流体氢氧同位素分析表

编号	成矿阶段	矿物	V-SMOW $\delta D_{H_2O}/‰$	V-PDB $\delta^{18}O_{SiO_2}/‰$	V-SMOW $\delta^{18}O_{SiO_2}/‰$	V-SMOW $\delta^{18}O_{H_2O}/‰$	温度/℃
EZ-23	晚石英硫化物阶段	石英	-126.1	-26.3	3.8	-5.3	247.3
EZ-24	晚石英硫化物阶段	石英	-124.5	-21.5	8.7	-1.6	222.9
EZ-42	早石英硫化物阶段	石英	-126.9	-22	8.2	1.1	294.2

注：测试单位为核工业北京地质研究院分析测试研究中心。

从氢氧同位素组成图解中可以看出，$\delta^{18}O$ 位于岩浆水正下方偏向大气降水线，而 δD 明显偏小（图4-15），位于该地区中侏罗世—早白垩世大气降水的 δD 为 -130‰ ~ -100‰（张理刚，1985）范围内，具有高纬度地区大气降水 δD 特点（祁进平，2005）。因此，铅锌成矿流体总体表现为岩浆水和大气降水的混合流体，并且晚石英硫化物阶段比早石英硫化物阶段更靠近大气降水线,说明从早石英硫化物阶段到晚石英硫化物阶段大气降水的比例在逐渐增加。

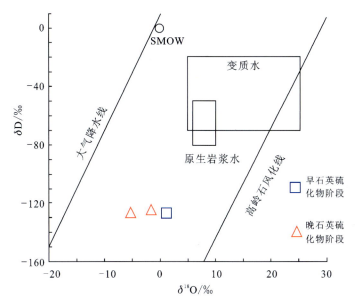

图 4-15 塔源二支线铅锌铜矿床主成矿阶段的 $\delta^{18}O-\delta D$ 组成图解

(底图据 Taylor,1974)

2. 矿质来源

1)同位素地球化学特征

(1)硫同位素特征。主成矿阶段 2 件闪锌矿、4 件黄铁矿和 2 件方铅矿样品的硫同位素分析结果见表 4-6。

表 4-6 塔源二支线铅锌铜矿床硫化物硫同位素组成

样品号	样品类型	测试矿物	$\delta^{34}S/‰$
EZ-011	块状矿石	闪锌矿	2.4
EZ-012	块状矿石	方铅矿	-0.2
EZ-11	脉状黄铁矿	黄铁矿	1.9
EZ-13	脉状黄铁矿	黄铁矿	2
EZ-25	块状矿石	黄铁矿	1.7
EZ-39	块状矿石	闪锌矿	3.1
EZ-41	块状矿石	黄铁矿	2
EZ-43	脉状矿石	方铅矿	-0.2

注:测试单位为核工业北京地质研究院分析测试研究中心。

从表 4-6 中可见,硫化物中 $\delta^{34}S$ 的变化范围在 $-0.2‰\sim3.1‰$ 之间,平均为 $1.61‰$,极差 $3.3‰$,硫同位素组成直方图具塔式分布特征,峰值在 $0\sim2.0‰$ 之间(图 4-16),说明硫来源比较统一,具有深源硫的特征。

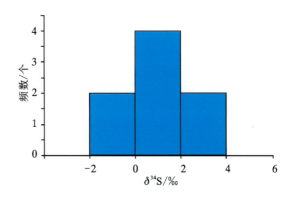

图 4-16 塔源二支线铅锌铜矿床硫同位素组成直方图

(2)铅同位素。铅同位素样品分析情况和分析结果见表 4-7。

表 4-7 塔源二支线铅锌铜矿床铅同位素组成

样品号	样品岩性	$^{206}Pb/^{204}Pb$	$^{207}Pb/^{204}Pb$	$^{208}Pb/^{204}Pb$	μ	$\Delta\beta$	$\Delta\gamma$
EZ-011	闪锌矿	18.341	15.579	38.256	9.43	16.78	29.19
EZ-012	方铅矿	18.328	15.561	38.200	9.40	15.54	27.12
EZ-25	黄铁矿	18.303	15.536	38.120	9.35	13.86	24.40
EZ-39	闪锌矿	18.334	15.551	38.172	9.38	14.82	25.62
EZ-41	黄铁矿	18.318	15.546	38.153	9.37	14.51	25.35
EZ-0201	花岗闪长斑岩	18.473	15.550	38.323	9.41	15.49	36.57
EZ-0203	花岗闪长斑岩	18.492	15.569	38.389	9.45	16.73	38.36

注:测试单位为核工业北京地质研究院分析测试研究中心。

在铅构造模式图上,所有矿石样品的铅同位素组成投点很集中,落在造山带演化线和上地幔演化线之间且靠近造山带演化线(图 4-17),表现出壳幔混合来源的特征。

在 $^{207}Pb/^{204}Pb$-$^{206}Pb/^{204}Pb$ 和 $^{208}Pb/^{204}Pb$-$^{206}Pb/^{204}Pb$ 构造源区判别图上,所有样品投点均落在造山带和下地壳二者的结合部位(图 4-18),说明铅均形成于造山带环境,具有壳幔混合的特征。

在 $\Delta\beta$-$\Delta\gamma$ 成因分类图解上,矿石铅投点均落在岩浆作用区域内且靠近造山带区域(图 4-19),同样显示岩浆来源的特征。

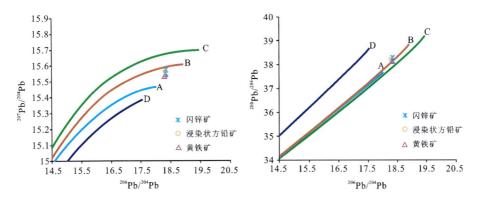

图 4-17　塔源二支线铅锌铜矿床矿石铅同位素组成 Zartman 图解(底图据 Zartman and Doe,1981)

A.地幔；B.造山带；C.上地壳；D.下地壳

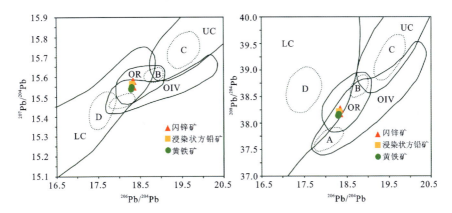

图 4-18　塔源二支线铅锌铜矿床铅同位素组成构造源区判别图(底图据 Zartman and Doe,1981)

LC.下地壳；UC.上地壳；OIV.洋岛火山岩；OR.造山带；A、B、C、D.分别代表各区域中相对集中区

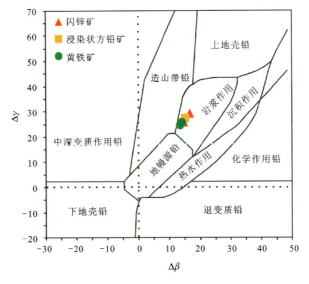

图 4-19　塔源二支线铅锌铜矿床铅同位素 $\Delta\beta$-$\Delta\gamma$ 成因分类图解

(底图据朱炳泉等,1998)

2)微量元素特征

Ga 的地球化学行为和 Al 相似,在岩浆结晶作用过程中,容易在黑云母、钾长石、斜长石等造岩矿物中富集,导致后期岩浆热液中 Ga 元素贫化。而 In^{3+} 的离子半径则比 Al^{3+} 大得多,在岩浆结晶作用过程中,In^{3+} 不容易进入造岩矿物中,富集于岩浆期后热液中。因此,岩浆热液成因的闪锌矿中 Ga/In<1。从闪锌矿电子探针测试结果可以看出,尽管样品中 Ga、In 二者含量都很低,但 Ga 含量低于检测极限,In 含量在 0.01%~0.05% 之间,Ga/In 的值显然小于 1(表 4-8),说明闪锌矿为岩浆热液成因。

表 4-8 闪锌矿电子探针分析结果   单位:%

类型	样品编号	Ga	S	Fe	Ge	Co	As	Cd	Ni	Se	In	Cu	Sb	Zn	总计
条带状闪锌矿	EZ-44-1	—	32.87	3.63	—	0.03	—	0.27	0.04	—	0.04	0.22	0.04	61.86	99.16
	EZ-44-2	—	32.65	3.96	—	0.02	—	0.20	0.04	—	0.02	0.12	0.05	62.06	99.34
	EZ-44-3	—	31.96	3.26	0.03	0.03	—	0.28	0.04	—	0.02	0.09	0.05	63.23	99.26
	EZ-44-4	—	31.93	3.63	0.02	0.04	—	0.30	0.05	—	0.04	0.09	0.07	63.23	99.63
	EZ-44-5	—	32.09	4.66	0.01	0.05	—	0.25	0.05	—	0.05	0.10	0.06	62.26	99.85
	EZ-44-6	—	31.79	4.47	0.01	0.04	0.01	0.32	0.05	—	0.01	0.09	0.06	62.48	99.49
	EZ-44-7	—	31.69	4.66	—	0.04	—	0.29	0.04	—	0.04	0.08	0.06	62.31	99.47
块状闪锌矿	EZ-39-1	—	30.98	4.21	—	0.08	—	0.17	0.04	0.003	0.04	0.06	0.06	63.68	99.55
	EZ-39-2	—	30.97	4.22	—	0.07	0.02	0.18	0.04	—	0.04	0.06	0.06	63.84	99.70
	EZ-39-3	—	30.99	4.72	—	0.10	—	0.20	0.04	—	0.03	0.06	0.05	62.75	99.20
	EZ-39-4	—	31.12	4.65	—	0.09	0.00	0.21	0.04	—	0.04	0.07	0.06	63.16	99.69
	EZ-39-5	—	30.90	4.89	—	0.09	—	0.16	0.04	0.006	0.03	0.08	0.04	63.21	99.69

二、成矿流体特征

对矿床干矽卡岩阶段的石榴子石、湿矽卡岩阶段的透辉石、早石英硫化物阶段的石英以及晚石英硫化物阶段的石英和闪锌矿中的流体包裹体物理化学特征进行了研究,结果列于表 4-9。从表中可知,除了石榴子石内流体包裹体均一温度较高(大多数加热到 550℃均未均一,最低均一温度为 370℃),而且数据较少外,其他矿物中的流体包裹体岩相学特征和热力学特征表现出一定的变化规律,即从成矿早期到晚期,包裹体气相所占比例逐渐减小、均一温度逐渐降低、盐度为中低盐度和中低密度,它们也显示逐渐降低的趋势,压力也逐渐降低;在石英硫化物期内获得的硫盐氧化性表现出从早到晚逐渐降低。结合流体氢氧同位素特征,矿床成矿流体早期以岩浆水为主,随着成矿作用的持续进行,大气降水逐渐增多。

表4-9 塔源二支线铅锌铜矿床流体特征一览表

成矿阶段		干矽卡岩阶段	湿矽卡岩阶段	早石英硫化物阶段	晚石英硫化物阶段	
主矿物		石榴子石	透闪石	石英	石英	闪锌矿
包裹体类型		富气两相、富液两相	富液两相为主，次为富气两相	富液两相为主，次为富气两相	主要为富液两相	富液两相
均一温度 /℃	温度区间	>373~520	265~445	276~400	151~280	120~200
	峰值范围	—	380~400	280~320	220~260	140~180
盐度 /%NaCleqv	温度区间	—	4.0~8.4	2.1~12.4	0.5~10.5	4.5~8.5
	峰值范围	—	4~6	4~10	3~7	5~6
密度 /g·cm^{-3}	区间	—	0.4~0.7	0.63~0.9	0.74~1.0	0.9~1.0
	均值	—	0.6~0.7	0.8~0.9	0.8~1.0	
压力 /MPa	区间	—	132~186	57~86	11~67	
	均值	—	151	76	30.29	
流体氧化性		—	—	高		低

第五节 成矿系列的成矿模式

早石炭世—晚石炭世该地区处于被动陆缘环境，早石炭世初期下陷形成了陆表海，沉积了洪水泉组浅海相砂岩-泥岩组合。晚石炭世在塔源附近局部拗陷，形成了塔源坳陷盆地型粉砂岩-泥岩组合的沉积。在上述沉积建造形成的同时，局部伴随有岩浆侵入活动形成的钙碱性-高钾钙碱性岩浆沿着矿区北部塔哈河断裂上侵，大概在322Ma左右中性岩浆侵位，并在矿区深部及外围形成中细粒闪长岩，同时析出富含Cu、Pb、Zn等成矿元素的含矿热液，这些含矿热液沿着断裂、层间裂隙、不同岩性界面等通道向上运移，并与围岩之间发生强烈的交代作用，在形成矽卡岩的同时，在距离岩体较近的部位形成矽卡岩型铜矿体，而在离岩体稍远的构造空间内（层间破碎带、层理面）形成矽卡岩型铅锌矿体。318Ma左右，花岗闪长质岩浆再次活动，侵位更浅，在近地表形成花岗闪长斑岩，同时，析出含Cu、Mo等成矿元素的含矿热液，含矿热液从岩体中心逐渐向外运移，与已经固结的花岗闪长岩岩体发生交代作用，依次形成钾化带、石英-绢云母化带和青磐岩化带，并形成斑岩型铜矿体。当然，含矿热液还可以沿着原来热液运移的通道对矽卡岩型矿体进行叠加改造。于是，形成了塔源二支线铅锌铜矿等矿床。该成矿系列成矿模式可用图4-20来表示。

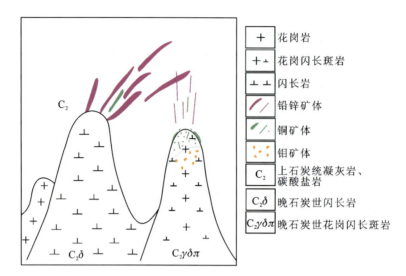

图 4-20 晚古生代矽卡岩-斑岩型铅、锌、铜矿成矿系列成矿模式图

第五章　燕山期与中酸性岩浆活动有关的铜、钼、金、银矿成矿系列

大兴安岭北段在燕山期形成了与中酸性岩浆活动有关的铜、钼、金、银矿成矿系列,根据成矿时代、矿床类型以及矿种的不同,又可划分为燕山早期矽卡岩-斑岩-脉型铁、铜、钼、钨、铅、锌矿成矿亚系列,燕山中期斑岩-脉型钼、铜、铅、锌矿成矿亚系列和燕山晚期浅成低温热液型金、银矿成矿亚系列3个亚系列。由于燕山早期形成的矿床无论是规模上还是数量上以及工业意义上都比较小,研究程度也很低,所以本书未进行总结,重点对燕山中、晚期形成的矿床成矿系列进行讨论。

第一节　燕山中期斑岩-脉型钼、铜、铅、锌矿成矿亚系列

该成矿亚系列位于额尔古纳地块与大兴安岭弧盆系的构造拼合带附近,晚侏罗世—早白垩世(J_3—K_1)以火山强烈的喷发作用为主,形成了一系列北东走向的大小不等的火山-沉积断陷盆地构造与浅成—超浅成侵入岩体,为本区大规模成矿的主要时期,形成了一系列与浅成—超浅成侵入岩体有关的大型—超大型有色金属矿床。该成矿亚系列代表性矿床有岔路口钼矿床、大黑山钼(铜)矿床、小柯勒河铜钼矿床,在晚侏罗世—早白垩世时期,浅成、超浅成的花岗斑岩侵入,伴随形成了斑岩型钼(铜)矿床(图5-1)。

一、成矿条件

1. 地层

区内最古老地层为中—新元古代兴华渡口岩群,属活动陆缘型建造,新元古代末隆升固结形成结晶基底后,总体处于较稳定的地块发展环境。缺失早—中寒武世地质记录。晚寒武世—早奥陶世发生了大规模的岩浆侵入活动,早奥陶世—早志留世新林-环宇地区裂陷拉张形成边缘海盆,早—中泥盆世地块北部发生局部裂陷,早石炭世有残留海型碎屑岩组合沉积。进入中生代,地质构造与岩浆活动趋于强烈,晚三叠世—早侏罗世发生了大规模的岩浆侵入活动,中侏罗世在地块北部形成了前陆盆地,晚侏罗世—早白垩世的大规模火山喷发作用形成了北东向的大兴安岭火山岩带。

1)中—新元古界

兴华渡口岩群($Pt_{2-3}X.$)在研究区内零星分布,其中兴华岩组($Pt_{2-3}xh.$)为斜长角闪

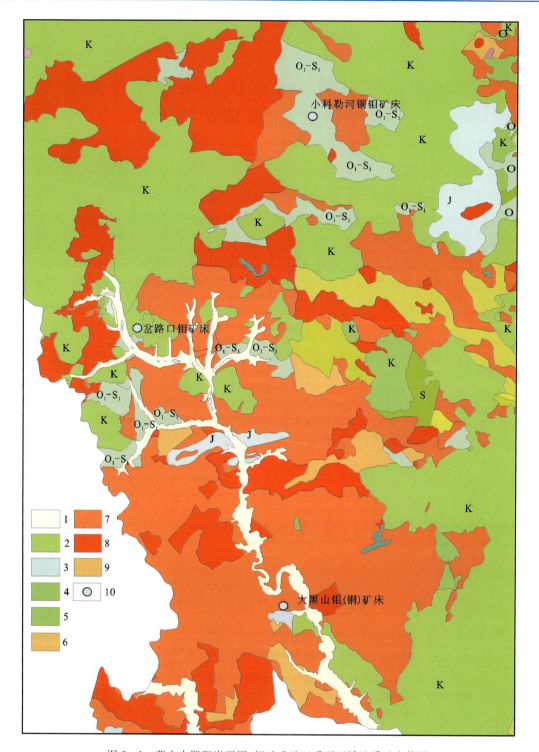

图 5-1 燕山中期斑岩型铜、钼矿成矿亚系列区域地质矿产简图
1.第四系;2.白垩系;3.侏罗系;4.下志留统—下奥陶统;5.志留系;6.中—新元古界;7.燕山期侵入岩;
8.海西期侵入岩;9.加里东期侵入岩;10.矿床所在位置

岩、变粒岩、片岩、石英岩、大理岩、变质表壳岩-片麻岩组合,原岩属钙碱性的基性—中酸性火山岩建造。兴安桥岩组($Pt_{2-3}xa.$)为片岩、石英岩、大理岩、变质表壳岩-片麻岩组合,原岩属含中酸性火山岩的含碳陆源碎屑岩-碳酸盐岩的复理石沉积建造。

2)古生界

下奥陶统—下志留统倭勒根岩群($O_1S_1Wl.$)主要分布在大乌苏、劲松镇一带,为陆缘裂谷环境形成的吉祥沟岩组变质砂岩、板岩、大理岩组合,大网子岩组细碧岩、角斑岩、板岩组合。

上志留统—中泥盆统泥鳅河组(S_4D_2n)分布在南瓮河河一带,为裂陷盆地环境形成的粉砂岩、泥岩、灰岩组合。

下石炭统红水泉组(C_1h)主要分布在翠岗一带,为一套浅海相砂岩、板岩组合。

上石炭统新伊根河组(C_2x)主要分布在塔源二支线,为坳陷盆地环境形成的粉砂岩、泥岩组合,为区域矽卡岩型铅锌矿的有利围岩。

上石炭统—下二叠统宝力高庙组(C_2P_1b)主要分布在大黑山一带,为陆相的中酸性火山熔岩、火山碎屑岩和正常沉积的碎屑岩。

3)中生界

侏罗系:下、中侏罗统缺失,上侏罗统陆相火山岩及河湖相碎屑沉积岩主要分布在长缨、呼中—二十二站及大乌苏一带。塔木兰沟组($J_{2-3}t$)为玄武岩、安山岩组合;木瑞组(J_3K_1m)为河湖相砂砾岩、粉砂岩、泥岩夹火山岩组合。

白垩系:上白垩统缺失,下白垩统陆相火山岩及河湖相碎屑沉积岩主要分布在长缨、呼中—二十二站及大乌苏一带。白音高老组(K_1by)为英安岩、流纹岩夹碎屑岩组合;光华组(K_1gn)为英安岩、流纹岩组合;九峰山组(K_1j)为砂砾岩、砂岩、粉砂岩、泥岩夹煤组合,为区域赋煤地层;甘河组(K_1g)为橄榄玄武岩、安山玄武岩组合。

4)第四系

区内第四系沿河谷分布,以河流沉积为主。

2. 侵入岩

晚寒武世—早奥陶世陆缘弧侵入岩(ϵ_3-O_1)主要呈岩基状,分布较广,其中花岗闪长岩、花岗岩组合分布在十八站一带。岛弧环境形成的辉长岩组合-TTG组合-花岗岩组合-碱长花岗岩组合分布在新林一带。

早奥陶世—早志留世的SSZ型蛇绿岩(O_1-S_1)组合分布在新林一带。

早石炭世后造山侵入岩(C_1)中的闪长岩组合分布在韩家园一带。

晚三叠世—早侏罗世陆缘弧侵入岩(T_3-J_1)中的闪长岩组合-TTG组合-花岗岩组合大面积分布。

晚侏罗世—早白垩世后碰撞侵入岩(J_3-K_1)中的石英闪长岩、花岗闪长斑岩、花岗斑岩组合-石英二长岩组合在区内零星分布,呈岩株状、脉状产出,与区域成矿关系密切。

3. 构造

环宇-新林推覆构造处于额尔古纳地块与大兴安岭弧盆系接触部位,总体呈北东走向,早志留世由北西向南东产生强烈的挤压推覆作用,使中—新元古代兴华渡口岩群—早志留世岩石均不同程度发生韧脆性变形,早奥陶世—中志留世侵入岩变形最强烈,岩石均具糜棱岩化,晚三叠世—早白垩世大规模构造岩浆活动,对早期的构造单元进行了强烈的改造与破坏,形成火山沉积-断陷盆地。岔路口钼矿床、小柯勒河铜钼矿床均产于该推覆构造带内,大黑山钼矿床位于该构造南东侧。

二、主要矿床类型及特征

该成矿亚系列的代表性矿床主要包括岔路口斑岩型钼矿床、大黑山斑岩型钼（铜）矿床和小柯勒河斑岩型铜钼矿床。各代表性矿床的主要特征列于表5-1。

表5-1 大兴安岭北段燕山中期代表性斑岩型铜钼矿床地质特征

代表性矿床	岔路口钼矿床	大黑山钼（铜）矿床	小柯勒河铜钼矿床
主要地层	下奥陶统—下志留统倭勒根岩群大网子岩组和中生界下白垩统光华组	上石炭统—下二叠统宝力岩高庙组	下奥陶统—下志留统倭勒根岩群吉祥沟岩组、大网子岩组；中生界下白垩统白音高老组
构造类型	北西向和北西向断裂	北西向断裂或构造裂隙带	大乌苏河断裂、北东向小柯勒河断裂
侵入岩类型	黑云母二长花岗岩、花岗斑岩、石英二长斑岩、正长斑岩等	花岗闪长岩、细粒花岗岩	花岗闪长岩、花岗闪长斑岩
矿体形体	呈北东向拉长穹隆状	脉状及透镜状	楔形、纺锤形
矿石矿物	辉钼矿、黄铁矿、磁黄铁矿、闪锌矿、方铅矿	黄铁矿、黄铜矿、斑铜矿等	黄铁矿、黄铜矿、辉钼矿等
脉石矿物	石英、钾长石、黑云母、绢云母等	石英、钾长石、绿泥石、绿帘石、绢云母、方解石等	石英、钾长石、绢云母、高岭土、绿泥石、绿帘石、碳酸盐矿物等
矿石构造	脉状构造、角砾状构造和浸染状构造、块状构造	细脉状、网脉状和浸染状构造	团块状构造、浸染状构造及脉状构造等
矿石结构	自形—半自形粒状结构、他形粒状结构、港湾状交代结构、交叉网状结构、乳浊状结构、压碎结构、假象结构	半自形—他形粒状结构、脉状穿插结构、尖角状结构、港湾状交代结构、压碎结构	半自形—他形粒状结构
围岩蚀变	石英-钾长石化、石英-绢云母化、泥化、青磐岩化	钾长石化、黑云母化、硅化、绢云母化、绿帘石化、绿泥石化、碳酸盐化	钾化、硅化、绢云母化、高岭土化、绿泥石化、碳酸盐化

1. 岔路口钼矿床

岔路口钼矿床的矿体整体显示出上部铅锌矿体、下部钼矿体的特征。铅锌矿主要产于青磐岩化围岩中,而钼矿主要产于斑岩体上部的钾化带和石英-绢云母化带中。钼矿体总体呈北东向拉长的穹隆状,主体隐伏(图 5-2),地表仅于 5～14 线(相当于穹顶部)出露为带状低品位矿体。现控制长 1800m,两端延长未尖灭;宽 200～1000m,延深 815m。以 7～10 线为中心,纵向上 10～19 线向南西侧伏,倾角 20°;7～10 线向北东侧伏,倾角 25°～60°。

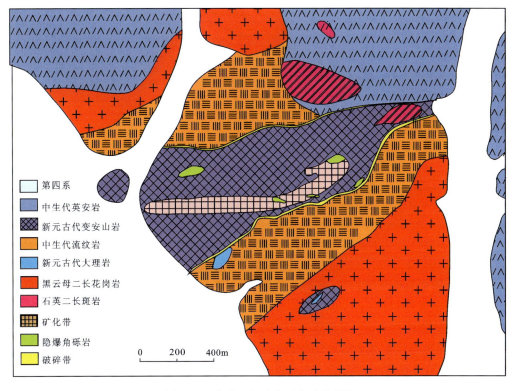

图 5-2 岔路口钼矿床河东区地质图

横向中心带北侧矿体向北西侧伏,倾角 25°～50°,中心带南侧矿体向南东侧伏,倾角 25°～60°。南东侧部分矿体被 F_2 破坏。赋矿岩石主要为花岗斑岩、石英斑岩及隐爆角砾岩等。矿体在垂向上分为 3 种类型:上部层状工业矿体,主要为薄层状工业矿体及薄层状低品位矿体;中部较厚大工业矿体,呈透镜状或似层状,夹石较多,与低品位矿体互层;底部工业矿体厚大、连续性好、品位高,仅局部发育有后期脉岩,为无矿夹石(图 5-3)。底部矿体产于成矿母岩体顶部,上部矿体主要产于蚀变花岗斑岩中及其接触带附近。铅锌矿化体赋存在钼矿体上部和外围,整体呈脉状、透镜状产于大网子岩组变质砂岩中。可圈出 A_1～A_7 号 7 条低品位矿化脉,分布在 7 线、8 线,多为单孔控制。矿脉走向 30°～50°,倾向北西,倾角 30°～40°,平均真厚度 1.69～7.76m,平均品位 Zn 0.66%～1.07%、Pb 0.01%～0.25%、

Ag $2.268\times10^{-6}\sim12.717\times10^{-6}$。

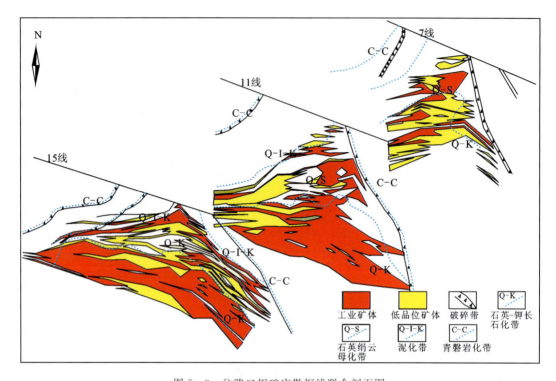

图 5-3 岔路口钼矿床勘探线联合剖面图

根据矿石中金属硫化物类型、矿物共生组合、矿石结构和构造等,可将岔路口矿区的矿石划分为 3 种主要类型。

(1)细脉-浸染型:辉钼矿呈细脉状、浸染状分布在石英中,或以单独的辉钼矿细脉形式产出,主要发育于钾化带和石英-绢云母化带的过渡部位,是辉钼矿最重要的矿石类型(图 5-4a)。

(2)团块状铅锌矿型:由黄铁矿、磁黄铁矿、闪锌矿、方铅矿等金属矿物以及少量非金属矿物石英、绢云母构成团块状矿物集合体,是铅锌矿最重要的矿石类型。主要赋存于青磐岩化带的内带中(图 5-4b)。

(3)隐爆角砾岩型:角砾成分多样,有钾长石角砾、石英角砾、花岗斑岩角砾和其他的蚀变围岩角砾,角砾大小不一,无定向,部分角砾中可见浸染状的黄铁矿分布。胶结物为石英、绢云母、绿泥石、绿帘石及其他成分的碎屑,可见稀疏浸染状的辉钼矿、黄铁矿以及细脉状的闪锌矿(图 5-4c,d,e)。主要发育于岩体顶部。

岔路口钼矿床中的主要金属矿物为辉钼矿、方铅矿、闪锌矿、黄铜矿、黄铁矿、镜铁矿以及表生氧化作用形成的褐铁矿。非金属矿物主要为石英、钾长石、绢云母、水白云母、高岭石、绿泥石、绿帘石、萤石、方解石等(图 5-5)。矿石结构主要有自形—半自形粒状结构、他形粒状结构、港湾状交代结构、交叉网状结构、乳浊状结构、压碎结构、假象结构等。

岔路口钼矿床具有典型的斑岩型矿床的蚀变类型和蚀变分带特征,自岩体中心向外依次发育石英-钾长石化、石英-绢云母化、泥化、青磐岩化。石英-钾长石化带发育于花岗斑岩

第五章 燕山期与中酸性岩浆活动有关的铜、钼、金、银矿成矿系列

图 5-4 岔路口矿区矿石手标本照片

a.钾化蚀变岩中的石英-辉钼矿脉;b.团块状黄铁矿-方铅矿矿石;c.含辉钼矿化的隐爆角砾岩;d.隐爆角砾岩中的钾长石角砾和石英角砾,胶结物中可见黄铁矿化;e.蚀变花岗斑岩角砾被含辉钼矿的石英脉胶结;Q.石英;Kf.钾长石;γπ.花岗斑岩;Mot.辉钼矿;Py.黄铁矿;Gn.方铅矿

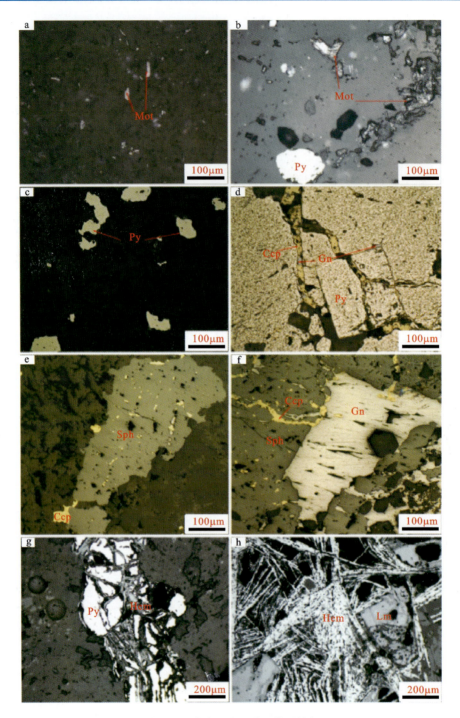

图 5-5 岔路口矿区矿石镜下特征

a.石英脉中的鳞片状辉钼矿;b.石英脉中的细粒黄铁矿和鳞片状、细脉状辉钼矿;c.他形粒状黄铁矿;d.压碎状黄铁矿;e.黄铜矿以乳滴状出溶于闪锌矿中;f.方铅矿被闪锌矿交代,黄铜矿呈细脉状、他形粒状、乳滴状分布于闪锌矿中;g.镜铁矿呈纤维状穿插于黄铁矿中;h.纤维状镜铁矿与褐铁矿;Mot.辉钼矿;Py.黄铁矿;Ccp.黄铜矿;Gn.方铅矿;Sp.闪锌矿;Hem.镜铁矿;Lm.褐铁矿

第五章 燕山期与中酸性岩浆活动有关的铜、钼、金、银矿成矿系列

体内,处于蚀变带中心部位,地表未出露,主体蚀变带处于200m标高以下。石英-绢云母化带发育在石英-钾长石化带外侧,地表发育长1200m,宽300~400m,延深达800m。泥化带在石英-绢云母化带外侧附近零星发育。青磐岩化带发育在最外侧,地表发育长1500m,宽200~400m,主要见于花岗斑岩,大网子岩组的变质砂岩、浅粒岩、片理化安山质角岩中。

根据矿石类型、不同脉体之间的穿插关系和矿物共生组合,将成矿期划分为热液期和表生期,其中主热液期可划分为4个成矿阶段(表5-2)。Ⅰ石英-钾长石阶段:石英呈脉状穿插钾化的花岗斑岩,斑岩结构大部分消失,基本无矿化出现。Ⅱ石英-辉钼矿阶段:以石英-辉钼矿脉或辉钼矿细脉的形式穿插、错断早阶段的无矿石英脉,多发育于石英-钾长石化带的上部和石英-绢云母化带之中,是辉钼矿的主成矿阶段。Ⅲ石英-多金属硫化物阶段:是铅锌矿的主要成矿阶段,石英较第Ⅱ阶段发育弱,形成石英-黄铁矿脉或团块状黄铁矿-方铅矿-闪锌矿矿石,见有少量黄铜矿发育,主要发育于青磐岩化蚀变带之中。Ⅳ萤石-方解石-石英阶段:以萤石-方解石脉或石英-萤石脉的形式穿切早阶段各种脉体,伴有浸染状或细脉状黄铁矿发育。

表5-2 岔路口钼矿主成矿期矿物生成顺序表

主要矿物	热液期				表生期
	石英-钾长石阶段	石英-辉钼矿阶段	石英-多金属硫化物阶段	萤石-方解石-石英阶段	
石英	▬	▬	▬	▬	
钾长石	▬				
辉钼矿		▬			
黄铁矿			▬	▬	
闪锌矿			▬		
黄铜矿			▬		
方铅矿			▬		
镜铁矿			▬		
绢云母			▬		
绿帘石			▬		
绿泥石			▬		
萤石				▬	
方解石				▬	
褐铁矿					▬

2. 大黑山钼(铜)矿床

大黑山矿区共发现钼矿体190条(工业矿体87条)、铜矿体22条(工业矿体7条)、铅锌矿体8条(工业矿体3条)。上述矿体多以矿体群形式呈大小不等的脉状及透镜状分布。矿体走向北西,倾向北东,倾角30°~45°。矿区内出露地表的矿体较少,大部分均为隐伏矿体。矿体多数赋存在岩体与地层内、外接触带中。矿体严格受花岗闪长岩与凝灰岩接触带及北西向构造裂隙带控制,区内较具规模的钼矿体主要有Ⅰ-23号、Ⅰ-24号、Ⅰ-7号(图5-6,图5-7)。

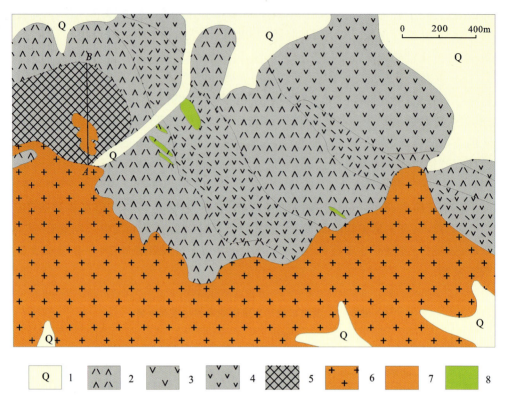

图 5-6 大黑山钼(铜)矿床地质图(据黑龙江省齐齐哈尔矿产勘查开发总院,2012 修改)

1.第四系;2.宝力高庙组凝灰岩;3.宝力高庙组英安岩;4.宝力高庙组安山岩;
5.宝力高庙组云母角岩;6.细粒花岗岩;7.花岗闪长岩;8.闪长岩脉

根据金属硫化物类型和矿物共生组合,大黑山钼(铜)矿床的矿石类型可划分为石英-辉钼矿型矿石、石英-黄铜矿型矿石和氧化矿石。石英-辉钼矿型矿石主要发育于花岗闪长岩中,少量产于角岩中,辉钼矿呈细脉状或浸染状分布于石英脉中。石英-黄铜矿型矿石发育于花岗闪长岩中或角岩中,黄铜矿呈细脉状、粒状分布于石英脉中,常与黄铁矿伴生。氧化矿石多以钼华、斑铜矿的形式赋存于角岩中,少量发育于花岗闪长岩中。

大黑山矿区的金属矿物主要有黄铜矿、辉钼矿、黄铁矿、方铅矿、闪锌矿、钼华、斑铜矿、铜蓝等,非金属矿物主要有石英、钾长石、绿泥石、绿帘石、绢云母、方解石等。矿石结构主要有半自形—他形粒状结构、脉状穿插结构、尖角状结构、港湾状交代结构、压碎结构等。矿石构造主要为细脉状、网脉状和浸染状构造(图 5-8)。

大黑山矿区的围岩蚀变类型主要为钾长石化、硅化、绢云母化、黄铁矿(褐铁矿)化,与铜、钼矿化关系密切,此外还有绿泥石化、绿帘石化、碳酸盐化,与成矿关系不大。矿区内常形成石英-钾长石化、石英-绢云母化或黄铁绢英岩化的蚀变组合。不同的蚀变类型相互叠加、逐渐过渡,无明显的界线,但总体表现为由下到上石英-绢云母化逐渐变强,石英-钾长石化逐渐变弱的趋势。绿泥石化、绿帘石化、碳酸盐化主要发育于岩体顶部与角岩过渡的位置,三者均有发育,但与典型的青磐岩化蚀变有一定区别,碳酸盐脉常穿插、错断绿泥石脉和绿帘石脉。

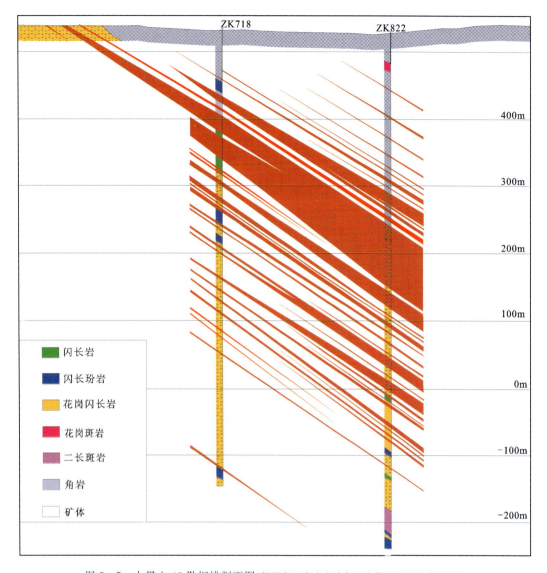

图 5-7 大黑山 43 勘探线剖面图（据黑龙江省齐齐哈尔矿产勘查开发总院，2013）

据矿物组合和矿脉穿插关系，可将大黑山矿床划分为两个成矿期：热液期和表生期，其中热液期可划分为 5 个成矿阶段（表 5-3）。Ⅰ 石英-钾长石阶段：使花岗闪长岩发生钾化、硅化，部分以石英-钾长石脉的形式穿插于花岗闪长岩中。Ⅱ 石英-辉钼矿阶段：以石英-辉钼矿脉的形式产于花岗闪长岩或角岩中，错断早阶段的无矿石英脉，该阶段是辉钼矿的主要成矿阶段。Ⅲ 石英-多金属硫化物阶段：主要以石英-黄铁矿、石英-黄铁矿-黄铜矿脉及少量石英-方铅矿脉的形式产于花岗闪长岩中，部分产于角岩裂隙中，或以黄铁矿脉的形式产于角岩化凝灰岩中。Ⅳ 绿泥石-绿帘石阶段：以绿泥石脉或绿帘石脉的形式出现，错断早阶段发育的脉体。Ⅴ 碳酸盐阶段：以碳酸盐脉的形式错断石英-辉钼矿脉、绿泥石脉、绿帘石脉，发育相对较少。

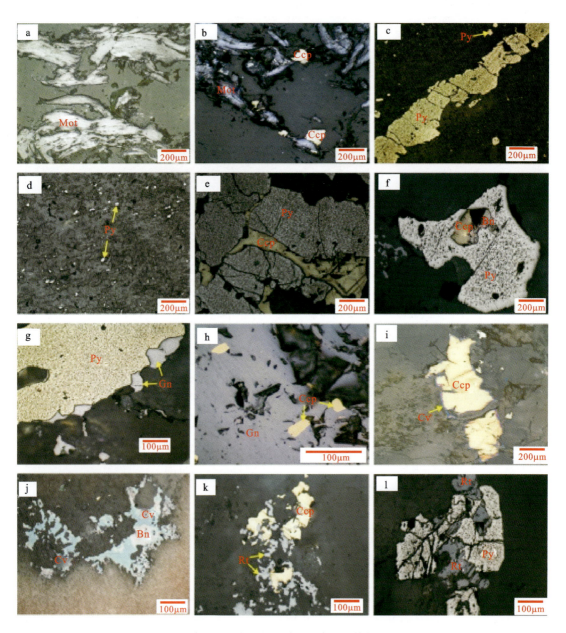

图 5-8 大黑山钼(铜)矿床矿石特征

a. 细脉状辉钼矿；b. 纤维状辉钼矿与黄铜矿伴生；c. 细脉状黄铁矿和星点状细粒黄铁矿；d. 浸染状黄铁矿；e. 黄铜矿细脉穿插胶结黄铁矿；f. 黄铁矿颗粒中的黄铜矿和斑铜矿；g. 方铅矿沿黄铁矿边缘分布；h. 方铅矿中的细粒黄铜矿；i. 铜蓝沿黄铜矿边缘分布；j. 斑铜矿和铜蓝；k. 金红石交代黄铜矿；l. 金红石交代黄铁矿颗粒；Mot. 辉钼矿；Ccp. 黄铜矿；Py. 黄铁矿；Gm. 方铅矿；Bn. 斑铜矿；Cu. 铜蓝；Rt. 金红石

表 5-3　大黑山钼(铜)矿主成矿期矿物生成顺序表

主要矿物	热液期					表生期
	石英-钾长石阶段	石英-辉钼矿阶段	石英-多金属硫化物阶段	绿泥石-绿帘石阶段	碳酸盐阶段	
石英	▬▬	┄┄	▬▬			
钾长石	▬					
绢云母		┄▬				
辉钼矿		▬				
黄铁矿			┄▬			
黄铜矿			┄▬			
方铅矿			▬			
闪锌矿			▬			
金红石			▬			
绿帘石				▬		
绿泥石				▬		
方解石					▬	
斑铜矿						▬
铜蓝						▬
钼华						▬

3. 小柯勒河铜钼矿床

小柯勒河铜钼矿床位于新林镇以东 10km 处。矿区内出露地层岩性包括新元古代石英砂岩、板岩、片岩、千枚岩等,侏罗纪—白垩纪流纹岩、流纹质凝灰岩、英安岩、英安质凝灰岩等(图 5-9)。矿区构造以断裂构造为主,其中小柯勒河断裂和大乌苏河断裂控制了矿区内岩浆岩和矿体的形态与分布。矿区内岩浆岩分布广泛,根据侵入关系从早到晚依次为花岗闪长斑岩、二长岩、闪长质脉岩和流纹斑岩。花岗闪长斑岩为矿区内最重要的赋矿围岩,呈岩株产出,出露面积约 3km²。最新的锆石 U-Pb 年龄为 (150.0±1.6)Ma,显示其成岩时代为晚侏罗世(冯雨周,2020)。

小柯勒河斑岩型铜钼矿床共划分 3 个矿化带,Ⅰ号、Ⅱ号矿带共圈定铜钼矿体 357 条,其中铜矿体 102 条、钼矿体 237 条、铜钼共生矿体 18 条。单条矿体厚度在 2.00～104.00 之间,铜矿体品位 0.20%～4.01%、钼矿体品位 0.030%～0.278%。Ⅲ号矿带地表圈定金银矿体 5 条。较具规模的矿体有Ⅰ-30-1 号铜工业矿体、Ⅰ-30-2 号钼工业矿体、Ⅰ-30-3 号钼工业(铜低品位)矿体、Ⅰ-29-18 号钼工业矿体、Ⅰ-30-2-2 号铜工业矿体。具体矿体特征如下。

Ⅰ-30-1 号铜工业矿体为隐伏矿体,位于 300～360 线,见矿钻孔包括 ZK300-4、ZK6100-2、ZK6100-3、ZK340-1、ZK340-4、ZK360-2、ZK360-3、ZK360-4,标高范围 124.10～-185.85m。矿体长度 406.16m,矿体平面呈纺锤状,剖面呈纺锤状,走向约 105°,呈近东西向分布,倾向约 195°,倾角 1°(图 5-10)。矿体厚度 2.00～80.00m,Cu 品位

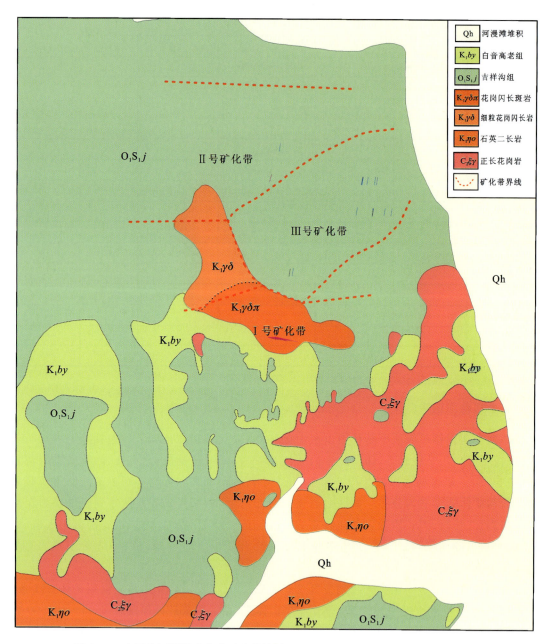

图 5-9 小柯勒河铜钼矿床矿区地质简图(据黑龙江省齐齐哈尔地质勘查总院,2013)

0.40%~2.00%,平均品位 0.57%;伴生 Mo 平均品位 0.017%。

Ⅰ-30-2 号钼工业矿体为隐伏矿体,位于 280~380 线,见矿钻孔包括 ZK6120-4、ZK300-4、ZK6120-2、ZK6100-2、ZK120-3、ZK6100-3、ZK320-1、ZK6120-1、ZK340-5、ZK340-4、ZK340-1、ZK340-3、ZK360-5、ZK6100-4、ZK360-2、ZK360-3、ZK380-2、ZK380-1,标高范围 216.38~-187.85m。矿体平面呈纺锤状,剖面呈纺锤状,走向近东西

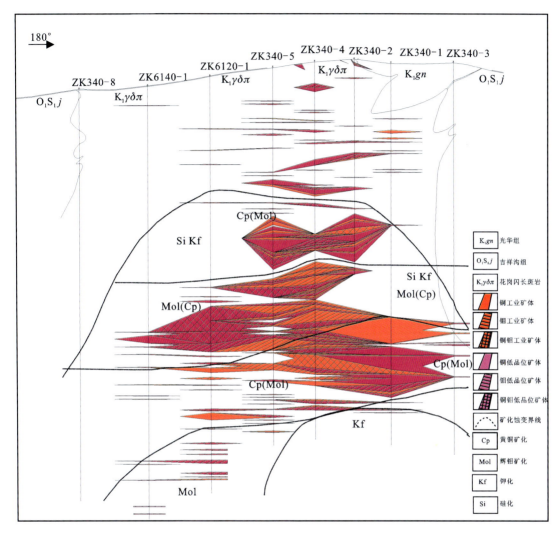

图5-10 小柯勒河铜钼矿床340勘探线地质剖面图(据黑龙江省齐齐哈尔地质勘查总院,2013)

向分布。矿体厚度2.00~62.45m,Mo品位0.060%~0.427%、平均品位0.088%;伴生Cu平均品位0.13%;矿体赋存于早白垩世灰白色黄铜矿化、黄铁绢英岩化花岗闪长斑岩($K_1\gamma\delta\pi$)中。

Ⅰ-30-3号钼工业(铜低品位)矿体为隐伏矿体,位于300~360线,见矿钻孔包括ZK6100-2、ZK6120-3、ⅠZK320-1、ZK6120-1、ZK340-5、ⅠZK340-4、ⅠZK340-2、ⅠZK340-1、ⅠZK360-2、ⅠZK360-3、ⅠZK360-4,标高范围195.47~-176.79m。矿体平面呈不规则状,剖面呈纺锤状,呈近水平状。矿体厚度2.00~40.00m,Mo品位0.019%~0.164%,平均品位0.072%;单个铜矿体Cu最高品位0.53%,平均品位0.35%。

Ⅰ-29-18号钼工业矿体为隐伏矿体,位于360线,见于ⅠZK360-2号和ⅠZK360-3号钻孔,标高范围229.15~183.20m。矿体长度573.21m,矿体平面呈纺锤状,剖面呈纺锤状,走向约105°,呈近东西向分布,倾向约195°,倾角1°。矿体厚度2.00～25.00m,Mo品位0.063%～0.177%,平均品位0.120%,伴生Cu平均品位为0.11%。

Ⅰ-33-2-2号铜工业矿体为隐伏矿体,单工程见矿,位于340线ZK6120-1号钻孔中,标高范围-235.07～-257.07m。矿体长度399.50m,平面呈纺锤状,剖面呈纺锤状,走向约105°,呈近东西向分布,倾向约195°,倾角1°,厚度22.00m。矿体单个样品Cu最高品位1.15%,平均品位0.41%;Mo最高品位0.04%,平均品位0.023%。

矿石类型以细脉-浸染状为主。矿石的矿物组合较为简单,金属矿物以磁铁矿、黄铁矿、黄铜矿、辉钼矿为主,还有少量的闪锌矿、赤铁矿和金红石;非金属矿物包括奥长石、榍石、钾长石、石英、黑云母、绿泥石、绿帘石、硬石膏、白云母、石膏和少量的磷灰石、方解石。

矿石结构主要有晶粒结构、交代溶蚀结构和环带结构;矿石构造包括细脉-浸染状构造和角砾状构造。

矿区内围岩蚀变十分发育且在空间上具有明显的分带特征,主要有钠-钙化、钾化、绿泥石化和绢英岩化。其中,钾化与铜、钼矿化关系密切,几个主要矿体均分布于钾化蚀变带中。

小柯勒河铜钼矿床的成矿作用可划分为以下4个阶段:

Ⅰ.磁铁矿-钾长石阶段,主要由金属矿物磁铁矿、黄铁矿及非金属矿物石英、钾长石组成。

Ⅱ.黄铁矿-辉钼矿-石英阶段,主要由金属矿物黄铁矿、黄铜矿、辉钼矿及非金属矿物石英组成,是本区主要的成矿阶段之一。

Ⅲ.黄铜矿-绢云母-石英阶段,主要由金属矿物黄铁矿、黄铜矿、方铅矿、闪锌矿及非金属矿物绢云母、石英组成,是本区主要的成矿阶段之一。

Ⅳ.绿泥石-碳酸盐阶段,主要由少量的金属矿物黄铁矿及非金属矿物绿泥石、方解石组成,为成矿末期阶段的产物。

三、成矿岩体特征

区内岩浆活动强烈,不同世代、不同岩性的侵入岩广泛分布。

1. 岩石学特征

岔路口矿区花岗闪长斑岩:浅灰色,块状构造,斑状结构。斑晶占岩石总体积的75%,主要为中细粒斜长石、石英、钾长石、黑云母和少量的角闪石。而基质则由细粒-微晶石英、斜长石、黑云母和钾长石组成。斜长石斑晶灰白色,自形—半自形,板状或短柱状,粒径一般1.5～3mm,占斑晶总体积约40%,部分斜长石斑晶可见环带结构。石英斑晶无色,部分烟灰色,呈半自形—自形,粒径2～3mm,含量占斑晶总体积的30%～35%。钾长石斑晶浅肉红色,半自形,板柱状,粒径2～3mm,含量占总体积的5%～10%。黑云母黑色—暗棕色,自形—半自形,粒径可达3mm,含量约占斑晶总体积的10%～15%。角闪石斑晶呈菱形或片状,自形—半自形,粒径2～3mm,含量3%～5%。暗色矿物角闪石和黑云母常常被蚀变为绢云母、绿泥石和绿帘石。

大黑山矿区花岗闪长岩:斑状结构,块状构造。斑晶含量占50%,成分主要为石英(30%)、斜长石(50%)、钾长石(10%)和黑云母(10%)。其中,石英斑晶呈他形粒状,粒径0.05~0.75mm;斜长石斑晶发生钾长石化,粒径0.5~5mm;钾长石斑晶交代斜长石,可见条纹长石和正长石,粒径0.25~0.5mm;黑云母斑晶呈片状,部分发生绿泥石化,粒径0.25~3mm。基质成分主要为微晶长石、石英和少量黑云母,岩石整体发生弱绢云母化。

小科勒河矿区花岗斑岩:发生了一定程度的蚀变,且发生糜棱岩化,但仍可见其斑状结构。斑晶主要为斜长石,其次为石英,手标本上可见的石英斑晶在显微镜下呈现出石英集合体的形式,可能为石英或长石斑晶进一步发生硅化而形成。斜长石斑晶多呈他形粒状,部分发生了绢云母化蚀变。斑晶粒径0.1~5mm不等,含量约20%。基质含量可达80%,多为细粒的石英、长石,长石亦发育绢云母化,且可见有后期的萤石和碳酸盐细脉穿插,副矿物可见磷灰石、锆石、黄铁矿等矿物。

2. 岩石地球化学特征

根据测试结果(表5-4),花岗闪长斑岩显示出如下地球化学特征:变化范围较小的SiO_2含量(63.42%~66.80%),高Na_2O含量(4.66%~5.52%)和高K_2O含量(2.78%~3.26%);花岗斑岩SiO_2含量为72.17%~72.87%,Na_2O+K_2O含量为9.29%~9.86%,Al_2O_3含量为13.62%~13.76%;花岗闪长岩SiO_2含量为68.45%~70.15%,Al_2O_3含量为14.80%~15.69%,Na_2O+K_2O含量为8.07%~8.53%,MgO含量为0.50%~1.09%,K_2O/Na_2O值为1.01~1.17。在K_2O-SiO_2图解中,花岗斑岩投点落于钾玄岩系列区域(图5-11),花岗闪长岩投点落于高钾钙碱性系列区域。

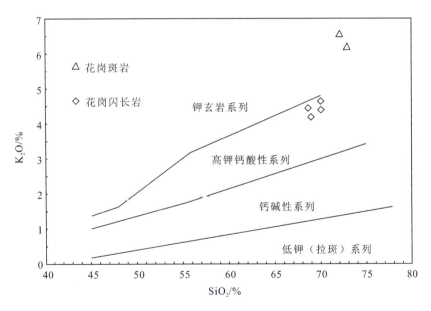

图5-11 侵入岩K_2O-SiO_2图解(底图据Peccerillo and Taylor,1976)

表 5-4 各矿区成矿岩体的主量元素(%)及微量元素(×10^{-6})分析结果

岩石类型	岔路口矿区花岗斑岩		大黑山矿区花岗闪长岩				小科勒河矿区花岗闪长斑岩												
样品编号	CLK-031	CLK-032	DHS-0151	DHS-0153	DHS-0111	DHS-0113	XLG-2	XLG-4	XLG-5	XLG-6	XLG-7	XLG-8	XLG-34	XLG-39	XLG-40	XLG-30	XLG-31	XLG-32
Na_2O	3.09	3.30	3.89	3.73	4.09	4.15	5.14	5.52	5.01	5.13	4.95	4.66	5.00	5.30	5.17	4.93	4.89	4.76
MgO	1.01	1.04	0.95	0.97	1.08	1.09	1.22	0.78	1.02	1.08	1.16	1.17	1.28	1.15	1.26	1.46	1.72	1.57
Al_2O_3	13.62	13.76	14.93	15.10	14.8	14.84	16.64	17.29	16.10	16.24	16.10	15.47	16.63	17.24	16.81	16.26	16.33	15.96
SiO_2	72.87	72.17	69.89	70.06	68.88	68.45	64.66	65.74	65.84	65.90	65.68	66.80	64.70	64.14	63.42	65.09	64.51	65.47
P_2O_5	0.05	0.05	0.19	0.17	0.19	0.19	0.23	0.19	0.20	0.20	0.22	0.20	0.24	0.30	0.29	0.22	0.26	0.22
K_2O	6.20	6.56	4.56	4.34	4.15	4.38	2.96	2.83	2.88	3.07	3.26	3.26	2.86	2.78	2.80	2.91	3.01	3.09
CaO	0.77	0.78	1.89	1.96	1.67	1.86	3.16	3.09	2.81	2.91	2.97	2.94	3.22	3.02	2.36	3.27	3.55	3.27
TiO_2	0.24	0.24	0.55	0.59	0.56	0.55	0.58	0.33	0.53	0.52	0.59	0.54	0.60	0.69	0.70	0.62	0.68	0.62
MnO	0.08	0.08	0.01	0.01	0.02	0.02	0.11	0.08	0.06	0.06	0.05	0.06	0.11	0.06	0.09	0.09	0.09	0.09
Fe_2O_3	0.24	0.22	0.90	0.70	0.93	0.94	3.96	2.76	3.05	2.99	3.30	2.90	4.09	3.64	4.93	4.01	4.19	3.95
FeO	0.55	0.55	1.08	1.12	1.32	1.38	1.20	0.99	1.47	1.56	1.47	1.44	0.92	1.42	1.27	0.81	0.56	0.52
H_2O^+	0.65	0.42	1.14	1.12	1.82	1.96												
CO_2	0.04	0.62																
Na_2O+K_2O	9.29	9.86	8.45	8.07	8.24	8.53												
K_2O/Na_2O	2.01	1.99	1.17	1.16	1.01	1.06												
A/NK	1.15	1.10																
A/CNK	1.03	0.99	1.01	1.05	1.04	0.99												
Li	57.1	56.1	23.2	23.2	21.2	20.8												
Be	1.81	1.78	2.28	2.29	1.74	1.79												
Sc	2.30	2.29	4.68	4.52	4.42	4.46	3.30	2.10	2.80	3.10	3.60	3.80	3.80	3.60	3.80	4.00	4.90	4.50
V	16.00	16.20	48.50	48.70	45.10	44.80	51.00	36.00	49.00	50.00	57.00	49.00	53.00	65.00	68.00	57.00	72.00	65.00

第五章 燕山期与中酸性岩浆活动有关的铜、钼、金、银矿成矿系列

续表 5-4

岩石类型	岔路口矿区花岗斑岩		大黑山矿区花岗闪长岩				小科勒河矿区花岗闪长斑岩												
样品编号	CLK-031	CLK-032	DHS-0151	DHS-0153	DHS-0111	DHS-0113	XLG-2	XLG-4	XLG-5	XLG-6	XLG-7	XLG-8	XLG-34	XLG-39	XLG-40	XLG-30	XLG-31	XLG-32
Cr	2.08	2.54	9.12	9.75	8.09	8.06	33.00	27.00	33.00	17.00	15.00	47.00	33.00	25.00	27.00	31.00	28.00	48.00
Co	45.50	39.20	32.10	38.10	27.60	27.10	7.20	5.00	7.00	6.30	7.90	6.50	7.80	7.70	5.20	7.40	10.10	9.00
Ni	4.11	4.36	4.34	4.25	3.70	3.55	7.90	5.40	6.00	6.80	6.70	8.20	8.10	6.10	7.30	10.60	12.90	11.30
Cu	4.44	3.58	1184.00	1193.00	461.00	446.00	140.50	336.00	353.00	130.50	240.00	294.00	174.00	711.00	91.30	26.30	4.60	4.00
Zn	69.10	69.80	21.10	22.30	43.00	42.30												
Ga	14.80	14.60	17.70	17.60	18.80	18.70	22.80	22.10	22.60	22.60	22.50	21.30	22.50	24.70	24.80	22.40	22.80	21.90
Rb	210.00	211.00	202.00	101.00	92.90	93.30	60.30	47.20	41.20	51.90	66.50	63.40	50.80	43.20	62.20	47.90	53.60	58.80
Sr	184.00	181.00	689.00	684.00	797.00	805.00	1 075.00	1 230.00	1 065.00	1 090.00	1 085.00	1 060.00	1 180.00	1 430.00	1 170.00	1 000.00	1 110.00	1 000.00
Y	8.28	7.69	8.29	8.37	8.54	8.38	5.90	3.70	6.10	6.40	6.40	6.60	7.40	6.00	7.20	6.00	8.00	7.00
Zr	134.00	138.00	131.00	153.00	145.00	150.00	180.00	142.00	194.00	179.00	206.00	184.00	197.00	228.00	214.00	157.00	188.00	160.00
Nb	6.92	6.82	5.10	5.25	5.26	5.11	5.40	3.40	6.50	5.80	6.30	6.10	6.00	5.80	6.00	5.70	6.40	6.00
Mo	66.90	60.70	136.00	248.00	431.00	664.00	5.29	0.68	1.38	0.31	24.40	20.70	0.75	4.47	1.48	1.03	1.79	45.90
Sn	8.44	7.42	2.79	2.90	1.83	1.84	1.10	0.68	0.62	0.70	1.09	0.98	0.75	0.46	0.61	0.86	0.69	1.34
Cs	2.98	3.04	5.30	5.36	3.08	3.11												
Ba	706.00	696.00	785.00	774.00	958.00	963.00	951.00	1 000.00	1 045.00	925.00	946.00	937.00	1 010.00	1 105.00	1 060.00	774.00	909.00	841.00
La	21.80	20.80	25.40	26.00	26.10	25.80	28.00	20.50	29.90	29.60	30.00	29.90	29.90	29.80	29.00	24.70	32.20	30.40
Ce	39.10	37.80	52.90	52.40	52.90	51.80	55.30	37.00	59.30	57.70	60.60	58.30	60.10	68.50	61.20	49.40	62.60	58.60
Pr	3.84	3.70	6.25	6.09	6.12	6.03	6.15	4.02	6.70	6.64	6.85	6.59	6.95	7.60	6.69	5.69	7.15	6.55
Nd	12.80	12.40	24.30	23.50	23.70	23.10	23.30	14.60	24.60	24.20	25.30	24.30	25.60	32.60	28.00	21.40	27.20	24.00
Sm	2.00	2.05	3.97	4.16	4.03	3.98	3.74	2.08	3.87	3.83	4.21	3.84	4.32	4.61	4.63	3.43	4.50	4.23

续表 5-4

岩石类型	岔路口矿区花岗斑岩		大黑山矿区花岗闪长岩				小科勒河矿区花岗闪长斑岩												
样品编号	CLK-031	CLK-032	DHS-0151	DHS-0153	DHS-0111	DHS-0113	XLG-2	XLG-4	XLG-5	XLG-6	XLG-7	XLG-8	XLG-34	XLG-39	XLG-40	XLG-30	XLG-31	XLG-32
Eu	0.50	0.48	1.07	1.00	0.99	1.00	0.95	0.72	0.89	0.99	0.91	0.96	1.06	1.52	1.32	0.88	1.12	1.03
Gd	1.50	1.38	2.58	2.55	2.51	2.49	2.33	1.34	2.35	2.29	2.39	2.43	2.51	3.36	3.20	2.25	2.82	2.59
Tb	0.24	0.22	0.33	0.34	0.32	0.33	0.26	0.16	0.27	0.27	0.30	0.29	0.30	0.33	0.36	0.25	0.34	0.30
Dy	1.39	1.24	1.60	1.70	1.58	1.64	1.29	0.81	1.33	1.38	1.44	1.48	1.61	1.53	1.52	1.32	1.74	1.50
Ho	0.26	0.25	0.28	0.27	0.28	0.27	0.22	0.13	0.23	0.24	0.24	0.25	0.28	0.27	0.23	0.22	0.30	0.27
Er	0.83	0.77	0.71	0.71	0.71	0.71	0.59	0.31	0.57	0.60	0.58	0.59	0.66	0.63	0.70	0.60	0.73	0.66
Tm	0.13	0.12	0.11	0.10	0.11	0.11	0.07	0.04	0.08	0.08	0.08	0.08	0.09	0.08	0.09	0.08	0.10	0.09
Yb	0.89	0.85	0.66	0.65	0.68	0.67	0.46	0.26	0.48	0.50	0.47	0.49	0.54	0.44	0.53	0.47	0.63	0.55
Lu	0.15	0.14	0.098	0.098	0.099	0.11	0.06	0.04	0.07	0.07	0.07	0.07	0.08	0.06	0.07	0.07	0.10	0.08
Hf	3.18	3.25	3.51	4.05	3.95	4.04	4.40	3.60	4.90	4.40	4.90	4.50	4.80	5.40	4.90	4.00	4.70	4.10
Ta	0.67	0.69	0.42	0.41	0.43	0.40	0.29	0.16	0.37	0.26	0.29	0.28	0.34	0.13	0.14	0.34	0.40	0.36
Tl	2.15	2.19	0.71	0.67	0.63	0.63												
Pb	22.20	21.90	16.00	16.50	25.00	22.60	12.20	12.40	15.00	12.60	12.40	11.80	12.80	14.70	14.20	8.90	9.50	11.80
Th	11.00	11.00	5.04	5.53	5.94	5.69	3.80	4.80	4.45	4.42	4.26	3.97	3.33	3.12	3.21	3.84	4.61	5.22
U	2.04	2.03	1.67	1.85	1.83	1.70	1.72	1.23	1.14	1.17	1.23	1.15	0.95	1.21	0.98	1.29	1.42	1.60
LREE	80.00	77.00	27.10	27.12	25.91	26.07												
HREE	14.00	13.00																
ΣREE	94.00	90.00																
(La/Yb)$_N$	16.40	16.50	27.10	27.12	25.91	26.07												
Eu/Eu*			0.96	0.87	0.89	0.91	0.98	1.32	0.90	1.02	0.88	0.96	0.98	1.18	1.05	0.97	0.96	0.95

在A/NK-A/CNK图解中,一个花岗斑岩样品投点落在过铝质区域,一个样品投点落在准铝质区域;花岗闪长岩投点落入过铝质区域(图5-12)。

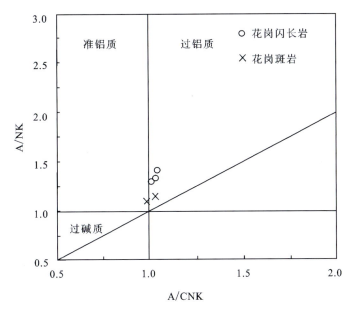

图5-12 侵入岩A/NK-A/CNK图解(底图据Maniar and Piccoli,1989)

稀土元素分析结果表明,各类侵入岩配分曲线基本一致,均表现出轻稀土富集特征(图5-13)。

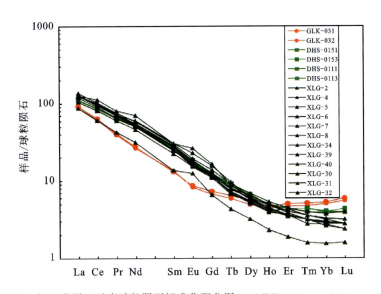

图5-13 侵入岩稀土元素球粒陨石标准化配分图(标准值据Anders and Grevesse,1989)

各类岩石样品具有相似的稀土元素和不相容元素配分模式。样品稀土元素显示较弱的 Eu 负异常,部分显示弱的正 Eu 异常(Eu/Eu* = 0.88～1.32)。

在原始地幔标准化的微量元素蛛网图上,各类侵入岩的微量元素具有基本一致的变化趋势,均表现出富集 Rb、Ba、Th、U、Pb 等大离子亲石元素,亏损 Nb、P、Ti 等高场强元素的特征(图 5-14)。

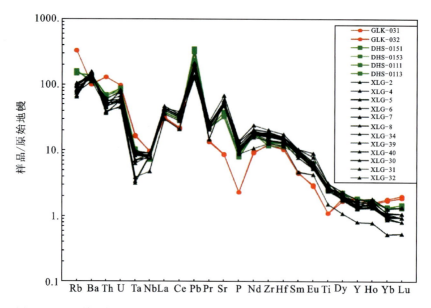

图 5-14 原始地幔标准化的微量元素蛛网图(标准值据 Sun and McDonough,1989)

3. U-Pb 年代学特征

刘军等(2013a)获得岔路口矿床的成矿母岩(花岗斑岩)的成岩年龄为(149±4.6)Ma,与聂凤军等(2011)测得的该矿床辉钼矿 Re-Os 年龄(146.96±0.79)Ma 基本一致,表明岔路口矿床的成矿年龄主要为晚侏罗世(149～146Ma)。

大黑山矿区花岗闪长岩(DHS-0151)中的锆石主要呈长柱状或短柱状,多为自形,长 80～200μm,长宽比为(1.5～3)/1。锆石均具有清晰的振荡环带,Th/U 值为 0.56～1.15,表明它们为岩浆锆石。$^{206}Pb/^{238}U$ 年龄平均值为(146.9±1.1)Ma($n=18$, MSWD=0.60)(表 5-5,图 5-15),该年龄值不仅代表了花岗闪长岩的成岩年龄,也代表了大黑山钼(铜)矿的成矿年龄。

小柯勒河矿区花岗闪长斑岩样品编号分别为 XLG-2 和 XLG-34。样品 XLG-2 的 17 个分析测试点计算获取谐和年龄为(149.7±0.8)Ma,加权平均年龄为(150.0±1.6)Ma。而样品 XLG-34 中 14 颗锆石获取的谐和年龄为(149.6±1.0)Ma,加权平均年龄为(150.0±2.1)Ma。2 件样品获得的锆石 U-Pb 同位素年龄在误差范围内一致,表明含矿花岗闪长斑岩侵入时代为晚侏罗世(表 5-5,图 5-16)。

表 5-5 各矿区成矿岩体的锆石 U-Pb 测年结果

分析点号	Th/$\times 10^{-6}$	U/$\times 10^{-6}$	Th/U	同位素比值						年龄/Ma				
				$^{207}Pb/^{206}Pb$	1σ	$^{207}Pb/^{235}U$	1σ	$^{206}Pb/^{238}U$	1σ	$^{207}Pb/^{235}U$	1σ	$^{206}Pb/^{238}U$	1σ
花岗闪长岩(DHS-0151)													
1	93	166	0.56	0.061 00	0.005 59	0.186 58	0.015 66	0.022 76	0.000 51	174	13	145	3
3	187	264	0.71	0.060 15	0.003 54	0.188 57	0.010 57	0.022 95	0.000 32	175	9	146	2
4	201	282	0.71	0.053 54	0.003 26	0.171 10	0.010 47	0.023 03	0.000 37	160	9	147	2
5	134	175	0.77	0.052 76	0.003 46	0.175 00	0.011 61	0.023 69	0.000 40	164	10	151	2
7	166	235	0.71	0.053 09	0.003 12	0.162 86	0.009 00	0.022 79	0.000 36	153	8	145	2
8	152	249	0.61	0.060 53	0.003 56	0.186 35	0.009 82	0.023 09	0.000 36	174	8	147	2
9	213	253	0.84	0.051 88	0.003 57	0.166 46	0.010 78	0.023 68	0.000 40	156	9	151	3
10	312	348	0.9	0.051 08	0.002 65	0.164 44	0.008 22	0.023 42	0.000 32	155	7	149	2
11	362	335	1.08	0.054 24	0.002 91	0.169 01	0.008 89	0.022 77	0.000 31	159	8	145	2
12	139	205	0.38	0.053 55	0.004 04	0.166 19	0.012 02	0.023 10	0.000 45	156	10	147	3
13	499	435	1.15	0.047 94	0.002 54	0.152 54	0.008 30	0.022 85	0.000 32	144	7	146	2
14	163	219	0.74	0.056 11	0.003 50	0.174 64	0.010 25	0.023 29	0.000 45	163	9	148	3
15	236	230	1.02	0.052 71	0.004 57	0.170 22	0.015 46	0.022 90	0.000 50	160	13	146	3
16	136	201	0.68	0.053 10	0.003 95	0.162 93	0.010 85	0.023 11	0.000 50	153	9	147	3
17	360	325	1.11	0.053 92	0.002 94	0.169 46	0.009 30	0.022 89	0.000 33	159	8	146	2
18	250	308	0.81	0.047 64	0.003 23	0.149 26	0.010 27	0.022 75	0.000 37	141	9	145	2
19	367	368	1	0.052 09	0.002 71	0.163 69	0.008 32	0.022 89	0.000 29	154	7	146	2
20	149	191	0.78	0.049 59	0.004 75	0.160 22	0.014 62	0.023 19	0.000 43	151	13	148	3

续表 5-5

分析点号	Th/$\times 10^{-6}$	U/$\times 10^{-6}$	Th/U	同位素比值						年龄/Ma			
				$^{207}Pb/^{206}Pb$	1σ	$^{207}Pb/^{235}U$	1σ	$^{206}Pb/^{238}U$	1σ	$^{207}Pb/^{235}U$	1σ	$^{206}Pb/^{238}U$	1σ
花岗闪长斑岩(XLG-2)													
1	79	110	0.71	0.050 34	0.005 43	0.151 61	0.013 59	0.023 21	0.000 47	147.9	3.0	146.8	8.1
3	90	120	0.74	0.053 61	0.004 59	0.163 04	0.012 85	0.022 49	0.000 42	143.3	2.7	137.5	10.4
5	61	96	0.63	0.055 04	0.005 32	0.168 01	0.015 25	0.023 63	0.000 51	150.5	3.2	130.9	14.8
6	41	78	0.52	0.054 67	0.014 37	0.163 36	0.042 68	0.023 17	0.000 51	147.6	3.2	127.3	17.3
7	31	61	0.51	0.054 69	0.007 57	0.174 88	0.022 75	0.024 06	0.000 61	153.3	3.8	123.2	19.8
8	55	89	0.62	0.059 11	0.005 36	0.179 59	0.015 33	0.023 59	0.000 70	150.3	4.4	124.0	20.4
10	78	118	0.66	0.050 97	0.004 70	0.155 25	0.012 26	0.023 44	0.000 49	149.4	3.1	116.3	24.1
12	49	91	0.54	0.051 62	0.005 18	0.163 41	0.015 97	0.023 48	0.000 56	149.6	3.5	105.9	20.2
13	63	108	0.59	0.049 44	0.004 19	0.163 57	0.012 73	0.024 18	0.000 56	154.0	3.5	128.3	21.4
14	87	141	0.62	0.053 07	0.004 24	0.168 78	0.013 59	0.023 49	0.000 46	149.7	2.9	115.9	16.9
15	78	119	0.65	0.052 00	0.003 94	0.165 89	0.011 77	0.023 82	0.000 51	151.8	3.2	126.6	16.1
16	73	126	0.58	0.051 16	0.005 30	0.163 50	0.018 70	0.023 09	0.000 47	147.1	3.0	118.0	12.9
18	44	80	0.55	0.044 74	0.005 28	0.145 86	0.017 43	0.024 22	0.000 55	154.3	3.4	148.1	12.8
19	39	76	0.51	0.047 30	0.006 40	0.151 08	0.017 81	0.024 46	0.000 65	155.8	4.1	118.3	10.3
21	49	97	0.50	0.051 12	0.004 85	0.167 00	0.017 37	0.023 50	0.000 60	149.8	3.8	156.1	13.5
22	78	128	0.61	0.050 74	0.004 08	0.162 11	0.012 40	0.023 62	0.000 47	150.5	3.0	142.6	6.5
23	74	103	0.72	0.056 32	0.006 01	0.187 13	0.019 55	0.024 28	0.000 56	154.7	3.6	157.9	6.7

续表 5-5

分析点号	Th/$\times 10^{-6}$	U/$\times 10^{-6}$	Th/U	同位素比值						年龄/Ma			
				$^{207}Pb/^{206}Pb$	1σ	$^{207}Pb/^{235}U$	1σ	$^{206}Pb/^{238}U$	1σ	$^{207}Pb/^{235}U$	1σ	$^{206}Pb/^{238}U$	1σ
花岗闪长斑岩(XLG-34)													
1	100	107	0.93	0.053 39	0.005 81	0.161 55	0.017 54	0.022 32	0.000 61	142.3	3.9	149.8	16.2
3	91	127	0.72	0.059 87	0.006 98	0.176 85	0.020 97	0.022 86	0.000 96	145.7	6.1	177.9	25.2
4	57	65	0.88	0.049 50	0.006 99	0.146 38	0.020 75	0.023 37	0.000 71	148.9	4.5	170.5	24.1
5	170	141	1.20	0.047 69	0.005 27	0.146 47	0.015 52	0.023 59	0.000 69	150.3	4.3	172.8	22.3
6	86	103	0.84	0.050 44	0.005 89	0.158 28	0.018 11	0.023 34	0.000 61	148.7	3.9	130.1	17.1
7	72	78	0.92	0.055 81	0.007 41	0.179 23	0.025 32	0.024 09	0.000 96	153.5	6.0	147.7	19.4
8	54	72	0.74	0.051 13	0.006 78	0.160 35	0.019 91	0.023 63	0.000 68	150.5	4.3	138.4	17.1
9	84	95	0.88	0.048 51	0.005 08	0.150 56	0.014 62	0.023 51	0.000 58	149.8	3.7	132.6	14.7
10	118	102	1.16	0.064 11	0.006 45	0.203 66	0.019 61	0.023 90	0.000 58	152.3	3.6	142.6	14.6
11	109	120	0.91	0.049 63	0.004 74	0.160 63	0.015 32	0.023 65	0.000 59	150.7	3.7	134.5	12.9
12	258	189	1.36	0.048 07	0.004 06	0.157 11	0.013 36	0.023 79	0.000 52	151.6	3.3	139.7	12.4
13	68	93	0.72	0.047 10	0.005 44	0.151 09	0.017 78	0.023 73	0.000 65	151.2	4.1	143.6	14.0
14	157	197	0.80	0.054 27	0.004 23	0.174 73	0.013 56	0.023 57	0.000 53	150.2	3.4	121.9	11.4
15	171	129	1.33	0.057 59	0.005 68	0.184 19	0.016 57	0.023 94	0.000 56	152.5	3.5	111.1	10.6

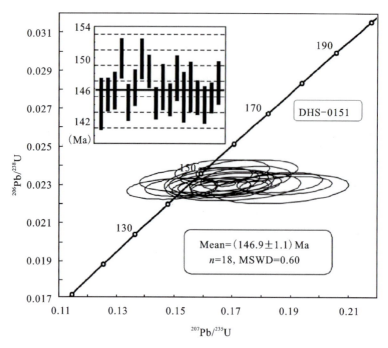

图 5-15 大黑山矿区花岗闪长岩的锆石 U-Pb 年龄谐和图

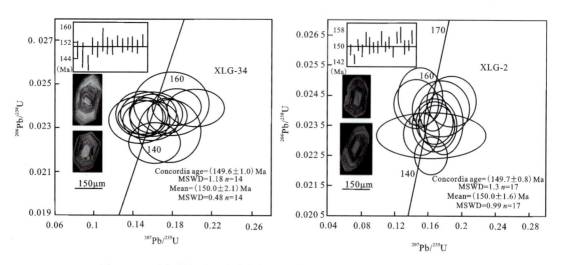

图 5-16 小柯勒河矿区花岗闪长斑岩代表性锆石和 U-Pb 年龄谐和图

4. Hf 同位素特征

根据锆石 U-Pb 年龄,选取了较合适的锆石进行 Hf 同位素分析,分析结果列于表 5-6。

表 5-6 大黑山矿区花岗闪长岩的锆石 Hf 同位素数据

点号	年龄/Ma	$^{176}Yb/^{177}Hf$	$^{176}Lu/^{177}Hf$	$^{176}Hf/^{177}Hf$	2σ	$(^{176}Hf/^{177}Hf)_i$	$\varepsilon_{Hf}(0)$	$\varepsilon_{Hf}(t)$	T_{DM2}/Ma	$f_{Lu/Hf}$
B1	145	0.018 095	0.000 520	0.282 862	0.000 034	0.282 843	3.2	6.3	711	−0.98
B2	146	0.034 773	0.000 930	0.282 850	0.000 029	0.282 823	2.7	5.9	738	−0.97
B3	147	0.025 790	0.000 713	0.282 865	0.000 034	0.282 853	3.3	6.4	706	−0.98
B4	147	0.026 417	0.000 736	0.282 853	0.000 035	0.282 825	2.9	6.0	729	−0.98
B5	149	0.024 638	0.000 677	0.282 859	0.000 039	0.282 830	3.1	6.3	717	−0.98

大黑山矿区花岗闪长岩具有正的 $\varepsilon_{Hf}(t)$ 值和较年轻的地壳模式年龄(图 5-17),指示它们的岩浆源区可能为亏损地幔或初生地壳物质(新元古代—早古生代地壳)。花岗闪长岩的 $\varepsilon_{Hf}(t)$ 值略高,可能表明其形成过程中初生地壳物质的混入稍多。

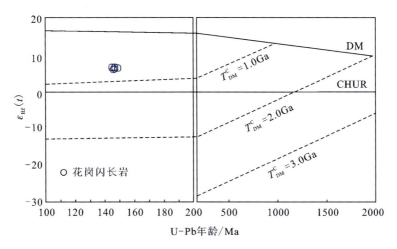

图 5-17 大黑山矿区花岗闪长岩的锆石 Hf 同位素组成

四、成矿作用

1. 成矿物质来源

1) 流体氢氧同位素特征

各矿区成矿流体的氢氧同位素分析结果列于表 5-7。在氢氧同位素图解中,各矿区成矿流体的投点位于岩浆水与大气降水(中侏罗世—早白垩世大兴安岭地区大气降水 $\delta D = -130‰ \sim -100‰$)混合区域附近(图 5-18),暗示有大气降水混入到成矿流体之中。从早阶段到晚阶段,成矿流体的 δD 值变化不大,而 $\delta^{18}O_{H_2O}$ 值呈逐渐减小的趋势。在脆性断裂系统发育地区,浅部的地表浅层水(如大气降水等)能够到达地壳较深部位,能与围岩发生强烈的水岩反应,使得从浅成斑岩体中出熔的热液流体与大气降水发生强烈的混合作用,快速向混合热液流体方向演化,导致早阶段的流体明显偏离岩浆水。岔路口钼矿床的氢氧同位素组成表明,早阶段岩浆去气作用对流体的控制作用较为强烈,具体表现为较低的 δD 值,随着流体演化,大气降水混入作用的逐渐增强,表现为向大气降水线靠拢。

表 5-7 各矿区成矿流体氢氧同位素分析结果

矿区	样品编号	成矿阶段	矿物	V-SMOW $\delta D_{H_2O}/‰$	V-PDB $\delta^{18}O_{SiO_2}/‰$	V-SMOW $\delta^{18}O_{SiO_2}/‰$	V-SMOW $\delta^{18}O_{H_2O}/‰$	温度/℃
小科勒河矿区	XKH-2	成矿期	石英	-166.1		11.20	8.41	465.9
	XKH-3		石英	-146.2		12.94	10.15	465.9
	6120-1-8		石英	-132.0		13.73	10.94	465.9
	6120-1-9		石英	-141.1		9.49	6.70	465.9
	6120-1-10		石英	-149.0		9.27	6.48	465.9
大黑山矿区	904-4	Ⅰ	石英	-133.8		5.60	1.70	409.0
	741-25		石英	-127.2		8.10	4.20	409.0
	906-2	Ⅱ	石英	-135.7		2.30	-3.50	333.0
	741-27		石英	-139.8		5.30	-0.50	333.0
	904-6	Ⅲ	石英	-130.5		3.30	-4.70	272.0
	904-12		石英	-139.6		2.20	-5.80	272.0
岔路口矿区	1606-2	Ⅰ	石英	-124.9	-22.9	7.30	3.90	430.0
	1114-2		石英	-144.5	-22.5	7.80	4.40	430.0
	1606-1		石英	-121.6	-22.4	7.80	4.40	430.0
	1102-6	Ⅱ	石英	-121.6	-21.8	8.50	3.20	350.0
	1102-9		石英	-120.5	-21.8	8.40	3.10	350.0
	DB-14	Ⅲ	石英	-117.3	-20.7	9.60	1.50	270.0
	DB-12		石英	-119.8	-20.3	9.90	1.80	270.0

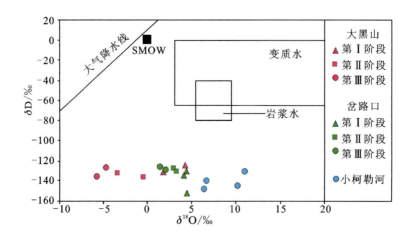

图 5-18 各矿区成矿流体的氢氧同位素图解(底图据 Taylor,1974)

2）硫同位素特征

本次研究对岔路口钼多金属矿床和大黑山钼（铜）矿床中不同产状的金属硫化物进行了硫同位素分析，结果列于表5-8。

表5-8 岔路口和大黑山矿区矿石硫同位素分析结果

矿区	样品编号	样品描述	矿物名称	$\delta^{34}S/‰$
岔路口	DB-5	围岩中的细粒浸染状黄铁矿	黄铁矿	2.7
	DB-8	黄铁矿-方铅矿脉	黄铁矿	2.3
	DB-17	方解石-萤石-黄铁矿脉	黄铁矿	1.8
	DB-18	围岩中的细粒浸染状黄铁矿	黄铁矿	1.9
	DB-21	围岩中的黄铁矿细脉	黄铁矿	2.6
	DB-22	方解石-萤石-黄铁矿脉	黄铁矿	2.6
	DB-23	围岩中的粗粒黄铁矿	黄铁矿	2.9
	1606-5	青磐岩化带中的黄铁矿脉	黄铁矿	2.4
大黑山	DHS-9	黄铜矿细脉	黄铜矿	1.4
	DHS-10	黄铁矿脉	黄铁矿	1.8
	DHS-11	陡倾的黄铁矿脉	黄铁矿	1.7
	DHS-12	陡倾的黄铁矿脉	黄铁矿	2.0
	DHS-13	缓倾的黄铁矿脉	黄铁矿	2.3
	DHS-14	缓倾的黄铁矿脉	黄铁矿	0.4
	906-2	含黄铁矿、方铅矿的石英脉	方铅矿	1.1

岔路口矿区不同黄铁矿的$\delta^{34}S$值并无明显差别，集中于1.8‰～2.9‰（图5-19），大黑山矿区不同硫化物的$\delta^{34}S$值也十分相似，具有很小的变化范围（0.4‰～2.3‰，图5-19），表明它们的成矿流体中硫化物的硫源单一，应来源于深部岩浆。结合矿体产出部位推测，硫应来源于赋矿的花岗闪长岩。

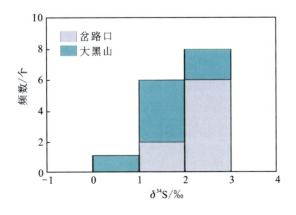

图5-19 岔路口和大黑山矿区矿石硫同位素分布直方图

3)矿石铅同位素特征

铅同位素分析结果如表 5-9 所示，υ_1、υ_2、$\Delta\alpha$、$\Delta\beta$、$\Delta\gamma$ 的计算方法据朱炳泉(1993)的研究成果，其中 $\Delta\alpha$、$\Delta\beta$ 和 $\Delta\gamma$ 分别代表了矿石铅形成时 $^{206}Pb/^{204}Pb$、$^{207}Pb/^{204}Pb$ 和 $^{208}Pb/^{204}Pb$ 相对于 Chen(1982)提出的不同时代地幔铅同位素增长曲线公式计算值的差异；υ_1 和 υ_2 则是 $\Delta\alpha$、$\Delta\beta$ 和 $\Delta\gamma$ 的二维映像。

表 5-9 岔路口和大黑山矿区金属硫化物的铅同位素分析结果

样品编号	矿物	$^{206}Pb/^{204}Pb$	$^{207}Pb/^{204}Pb$	$^{208}Pb/^{204}Pb$	υ_1	υ_2	$\Delta\alpha$	$\Delta\beta$	$\Delta\gamma$
DB-5	黄铁矿	18.338	5.569	38.218	53.40	51.68	67.71	15.93	26.24
DB-8	黄铁矿	18.321	15.553	38.165	51.68	51.07	66.72	14.89	24.82
DB-17	黄铁矿	18.315	15.549	38.153	51.24	50.82	66.37	14.63	24.50
DB-18	黄铁矿	18.353	15.559	38.181	52.89	52.60	68.58	15.28	25.25
DB-21	黄铁矿	18.341	15.573	38.229	53.74	51.80	67.88	16.19	26.54
DB-22	黄铁矿	18.311	15.536	38.115	50.22	50.75	66.14	13.78	23.48
DB-23	黄铁矿	18.334	15.565	38.200	52.86	51.59	67.47	15.67	25.76
1606-5	黄铁矿	18.356	15.565	38.204	53.52	52.63	68.76	15.67	25.87
DHS-9	黄铁矿	18.719	15.637	38.363	66.67	70.29	89.89	20.37	30.14
DHS-10	黄铁矿	18.390	15.533	38.111	52.15	54.60	70.74	13.58	23.37
DHS-11	黄铁矿	18.363	15.532	38.133	51.99	53.01	69.16	13.52	23.96
DHS-12	黄铁矿	18.668	15.620	38.309	64.06	68.00	86.92	19.26	28.69
DHS-13	黄铁矿	18.405	15.542	38.181	54.22	54.76	71.61	14.17	25.25
DHS-14	黄铁矿	18.353	15.530	38.133	51.73	52.48	68.58	13.39	23.96
906-2	方铅矿	18.341	15.529	38.033	49.01	52.98	67.88	13.32	21.28

在铅同位素 $\Delta\gamma-\Delta\beta$ 图解中，岔路口和大黑山矿床所有样品的分析数据投点均落入岩浆作用铅范围(图 5-20)，指示矿石的铅可能来源于岩浆，与硫同位素的分析结果相吻合。

2. 成矿流体特征

1)流体包裹体岩相学特征

岔路口矿区和大黑山矿区的流体包裹体岩相学特征非常相似。包裹体类型主要有气液两相包裹体(L+V 型)、纯气相包裹体(V 型)、纯液相包裹体(L 型)、富 CO_2 三相包裹体(C 型)以及含子矿物多相包裹体(S 型)。各矿区包裹体岩相学特征详见表 5-10。

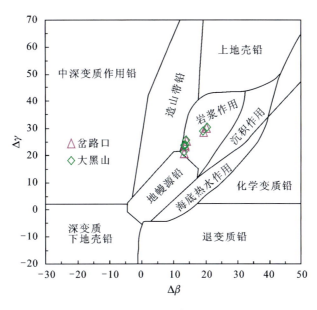

图 5-20　岔路口和大黑山矿区矿石铅同位素 $\Delta\gamma - \Delta\beta$ 图解（底图据朱炳泉等，1998）

表 5-10　岔路口和大黑山矿区流体包裹体岩相学特征一览表

矿区	类型	V/(L+V)/%	形态	大小/μm	产状	发育阶段	备注
岔路口	气液两相	>50、<50	负晶形、椭圆形—圆形	5~15	群状、带状、线状	Ⅰ、Ⅱ、Ⅲ、Ⅳ	常见
	纯液相		不规则形	<10	线状、带状	Ⅳ	较少
	纯气相		不规则形，偶见负晶形、椭圆形	<10	孤立状	Ⅱ	少见
	富CO_2三相包裹体		不规则形	4~20	孤立状，少数线状、群状	Ⅰ、Ⅱ	
	含子矿物多相包裹体	可含多个子矿物	不规则形、圆形	6~22		Ⅰ	
大黑山	气液两相	<10	椭圆形、不规则形、负晶形	2~8	线状、群状	Ⅰ、Ⅱ、Ⅲ	常见
	纯液相		椭圆形、不规则形	3~8	孤立状	Ⅳ	少见
	纯气相		椭圆形、不规则形	3~6	孤立状	Ⅱ、Ⅲ	少见
	富CO_2三相包裹体		椭圆形、不规则形、负晶形	4~12	孤立状	Ⅰ、Ⅱ、Ⅲ	
	含子矿物多相包裹体		椭圆形、不规则形、负晶形	5~12	孤立状	Ⅰ、Ⅱ、Ⅲ	

2)流体包裹体热力学特征

不同矿区流体包裹体热力学特征详见表5-11。从表中可见岔路口和大黑山两个矿区流体包裹体均一温度表现为高温、中高盐度(图5-21、图5-22),并且成矿早阶段到晚阶段均表现为逐渐降低的趋势。单个流体包裹体的成分分析表明,在主成矿阶段流体中比较富含黄铜矿、辉钼矿等矿物。尤其是岔路口钼矿床,成矿早阶段流体包裹体中检测到有赤铁矿和硬石膏,说明成矿早期成矿流体为氧化性流体。

表5-11 岔路口和大黑山矿区流体包裹体热力学及成分特征一览表

矿区	成矿阶段	均一温度/℃		盐度/% NaCl eqv		子矿物成分	气相成分
		区间	集中范围	范围	峰值		
岔路口	Ⅰ阶段	298~470	390~440	4~20、40~68	12~16、48~62	赤铁矿、硬石膏	CO_2
	Ⅱ阶段	336~407	350~400	2~18、38~58	8~10	黄铜矿、辉钼矿	CO_2
	Ⅲ阶段	220~380	280~320	0~9	3~5	方解石	CO_2
	Ⅳ阶段	120~300	180~240	0~6	2~5		
大黑山	Ⅰ阶段	270~367	280~300	5~23、42~58	12~16、44~46	钾长石、方解石	CO_2
	Ⅱ阶段	256~304	260~280	5~17、38~53	8~12	方解石、黄铜矿	CO_2
	Ⅲ阶段	179~318	240~260	3~12、36~55	4~8	黄铜矿、锐钛矿	CO_2
	Ⅳ阶段	136~279	160~200	0~11	2~10		

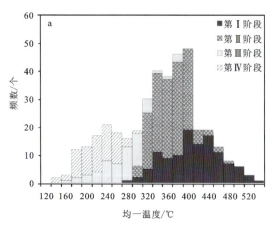 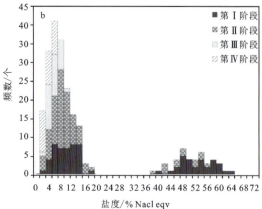

图5-21 岔路口矿区各阶段流体包裹体均一温度直方图(a)和盐度直方图(b)

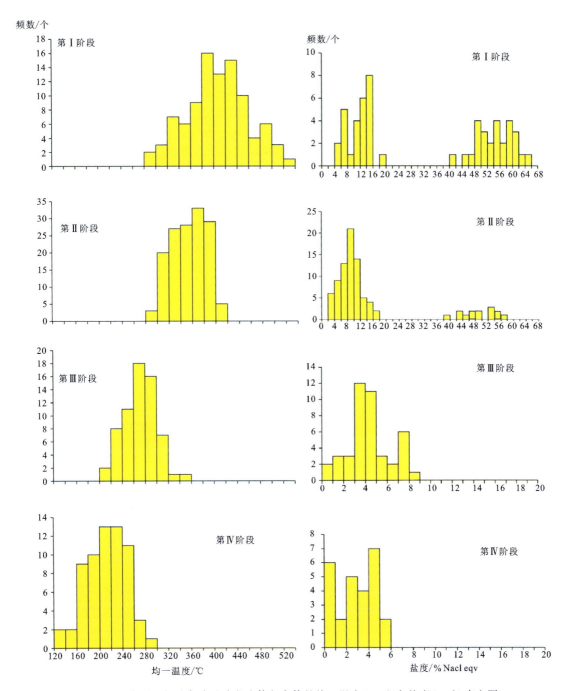

图 5-22 大黑山钼矿各成矿阶段流体包裹体的均一温度(a-d)和盐度(e-h)直方图

五、成矿亚系列的成矿模式

综合研究区内典型矿床的矿床地质特征以及本次研究数据,建立了燕山中期斑岩型铜、钼矿床的成矿模式,如图 5-23 所示。

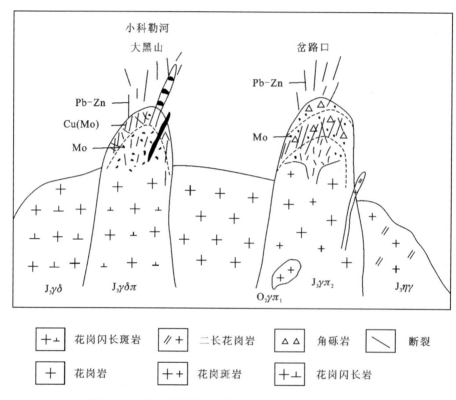

图 5-23 燕山中期斑岩型铜、钼矿成矿亚系列成矿模式

成岩和成矿作用时间为 150~146Ma,此时大兴安岭地区正处于蒙古-鄂霍茨克构造体系向滨太平洋构造体系转换的时期,新产生的北东—北北东向断裂系统叠加在早期形成的断裂之上,在它们的交会地段有利于岩浆的侵位和斑岩型铜钼成矿作用的发生。岔路口、大黑山、小科勒河矿区内的花岗闪长岩、细粒花岗岩和斑状花岗岩具有相似的岩浆源区,可能均来源于中元古代—新元古代年轻地壳物质的部分熔融。由于它们的成岩年龄基本一致且地球化学特征十分相似,推测它们可能是同源岩浆演化的结果。

各矿区的成矿母岩为成矿提供了热源和主要的成矿物质。上侵过程中,在成矿母岩内部及成矿围岩接触带产生的裂隙系统为成矿提供了有利空间。由于成矿温度的降低、岩浆水和大气降水混合等因素的影响,辉钼矿和其他硫化物在岩体顶部的裂隙系统中沉淀成矿。由岩体内部向围岩,依次形成了钾化带→石英-绢云母化带→绿泥石-绿帘石化带→角岩带的蚀变分带,与典型的斑岩型矿床的蚀变分带相一致。矿化在空间上明显具有分带特征,自成矿岩体向外,依次出现钼矿化→铜矿化→铅锌矿化。

第二节 燕山晚期浅成低温热液型金、银矿成矿亚系列

该成矿亚系列主要发育于多宝山岛弧和呼玛弧后盆地内,主要矿床有天望台山金矿、旁开门金银矿、古利库金矿、三道湾子金锑矿等浅成低温热液型金银矿床,矿床产于火山沉积盆地或盆地周边环境(图5-24)。

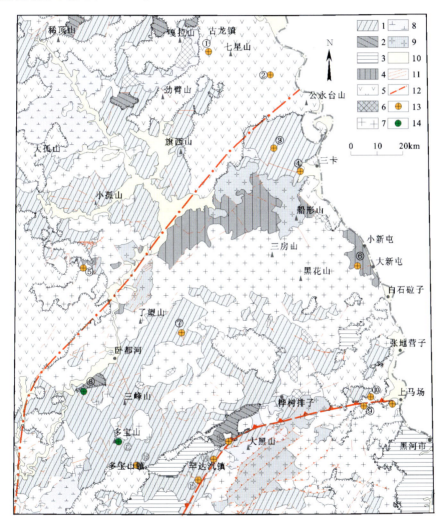

图5-24 燕山晚期浅成低温热液型金、银矿成矿亚系列区域地质矿产简图
1.元古宙变质地层;2.古生代地层;3.中生代地层;4.白垩纪火山岩;5.新生代地层;6.第四纪沉积物;7.石炭纪侵入岩;8.二叠纪侵入岩;9.晚三叠世—中侏罗世侵入岩;10.白垩纪侵入岩;11.地质界线;12.断裂构造;13.金矿;14.铜矿;①天望台山金矿;②旁开门金银矿;③二十四号桥金矿;④宽河金矿;⑤古利库金矿;⑥大新屯金矿;⑦马鞍山金矿;⑧三矿沟铜矿;⑨三道湾子金锑矿;⑩北大沟金矿;⑪上马场金矿;⑫多宝山-铜山铜矿;⑬五道沟二支沟金矿;⑭小泥鳅河金矿;⑮罕达气金矿点;⑯争光金矿

一、成矿条件

区域构造位置处于嫩江-黑河(加里东期—)海西期—燕山期岩浆杂岩区,大杨树火山断陷盆地北东缘与落马湖基底隆起的接壤部位,属多宝山-扎兰屯早古生代—中生代铜、金、钼、铁成矿带。区域出露的地层有古生界上奥陶统—中志留统、中生界以及新生界中—上新统。

(1)古生界奥陶系—下志留统落马湖岩群(OS_1L.)低绿片岩相—低角闪岩相变质岩系,由老到新包括铁帽山组(OS_1t)、嘎拉山组(OS_1g)及北宽河组(OS_1b),其中,铁帽山组和嘎拉山组原岩显示具陆缘断陷槽火山-沉积特征。

(2)古生界上奥陶统—中志留统低变质陆缘碎屑建造夹火山岩,具浅海沉积特征,包括裸河组(O_3l)、黄花沟组(S_1h)及八十里小河组(S_2b),大面积分布于北部地区。

(3)中生界钙碱性—偏碱性火山岩地层,包括上侏罗统玛尼吐组(J_3mn)中酸性火山熔岩,下白垩统龙江组(K_1l)中性—中酸性火山岩,光华组(K_1gn)钠质(角砾)酸性火山岩,甘河组(K_1g)(偏碱性)中基性火山熔岩。

(4)新生界中—上新统金山组砂砾岩,全新统河流阶地和河漫滩河床堆积。

侵入岩有:①海西期石英闪长岩、花岗闪长岩、二长花岗岩、正长花岗岩、碱长花岗岩、石英二长闪长岩及石英二长岩;②燕山早期花岗闪长岩、二长花岗岩、正长花岗岩、碱长花岗岩及各种斑岩。其中晚三叠世—早侏罗世侵入岩和石炭纪侵入岩出露面积最大。

区域构造发育,以断裂和火山构造为主,次为韧性剪切带和褶皱构造,构造线方向以北东向为主,次为东西向,西南部在中生代剪切-走滑作用下形成北东向火山断陷盆地。

二、主要矿床类型及特征

代表性矿床有天望台山金矿、旁开门金银矿、古利库金矿。它们主要特征见表5-12。

表5-12 大兴安岭北段燕山晚期浅成低温热液型金、银矿床地质特征

矿床成矿要素	代表性矿床		
	旁开门金银矿床	古利库金矿床	天望台山金矿床
成矿背景	椅子圈中生代断陷盆地东缘	大杨树中生代断陷盆地边缘	椅子圈(含煤)断陷盆地南缘
控矿构造	南北向断裂、火山机构及环状、放射状断裂	爆破角砾岩筒及北西向和北东向断裂	近南北向断裂
容矿岩石	早白垩世安山岩、英安岩等中酸性火山岩	早白垩世安山岩、英安岩等中酸性火山岩,前奥陶纪变质岩	下白垩统光华组
火山活动时代	(113±1.1)Ma	122Ma	(122±1.0)Ma
成矿时代	晚于(108±4.2)Ma	122~97Ma	晚于(122±1.0)Ma
蚀变类型	硅化、黄铁矿化、碳酸盐化、绿泥石化、绿帘石化、绢云母化	硅化、冰长石化、绢云母化、碳酸盐化、黄铁矿化	硅化、绢云母化、黄铁矿化、碳酸盐化

续表 5-12

矿床成矿要素	代表性矿床		
	旁开门金银矿床	古利库金矿床	天望台山金矿床
矿体形态	脉状	脉状、网脉状	脉状、网脉状
矿石结构构造	隐晶质、隐晶—细粒结构，角砾状构造、块状构造、网脉状构造、浸染状构造	显微粒状、片状、环带状及交代残余结构，斑杂-斑点状、角砾状、条带浸染状构造	他形结构，浸染状构造、星点状构造
矿物组合	自然金、自然银、银金矿、黄铁矿、磁黄铁矿、碲铋矿、辉银矿；自然银、黄铜矿、闪锌矿、方铅矿、辉砷铜银矿、碲银矿、碲铋矿	自然金、银金矿、辉银矿、脆银矿、黝铜矿、黄铁矿、黄铜矿；石英、玉髓、冰长石、绢云母、白云石、方解石、绿泥石、高岭土等	黄铁矿、自然金、闪锌矿、石英、方解石
成矿温度	289～313℃	185～255℃	200～320℃
成矿压力		$(118～158)\times10^5$ Pa	$<113.8\times10^5$ Pa
成矿深度		1200～1700m	<1200
成矿流体特征	岩浆和大气降水双重作用，为中—高盐度	以大气降水为主，低盐度，流体 K/Na=0.13～0.85	主要为大气降水，少量岩浆水，中低温、低盐度、低压力、低密度
成矿物质来源	岩浆与火山岩地层	结晶基底，部分来自火山岩	火山岩

（一）旁开门金银矿床

1. 矿区地层及构造

矿区出露地层较简单，主要为下白垩统甘河组及光华组，新近系中新统金山组零星出露。矿区侵入岩多呈小岩株和岩墙产出，规模不大，主要有闪长玢岩、石英斑岩，形成时间均晚于甘河组火山岩系，早于硅化角砾岩脉。矿区内断裂构造按其展布方向划分为5组，即北东东向、北东向、北北东向、南北向和北西向。

2. 矿体特征

矿体严格受近南北向硅化角砾岩脉的控制，硅化角砾岩脉是主要的含金地质体。矿体与围岩的界线多呈渐变关系，多呈单脉产出。矿区划分5个矿带，共圈定出11条金矿体，其中Ⅰ号矿带3条，Ⅱ号矿带3条，Ⅲ号矿带1条，Ⅳ号矿带3条，Ⅴ号矿带1条，走向近南北，倾向西，个别东倾，倾角56°～75°之间。控制矿体最大垂深235m，最小20m，钻孔穿矿最大厚度10.15m，最小0.75m。矿体中Au、Ag品位变化较大，Au最高品位为193.5×10^{-6}，最低为1.00×10^{-6}，平均为4.34×10^{-6}；伴生Ag最高品位为3753.0×10^{-6}，最低为$1.3\times$

10^{-6},平均为 96.3×10^{-6}。Au 品位变化系数 301%,属极不均匀型;Ag 品位变化系数为266%,属极不均匀型。

3. 矿石特征

矿石自然类型主要为原生矿石,氧化矿和混合矿不发育。根据矿石结构构造划分为硅化角砾岩型,根据矿石的工业类型划分为金(银)-石英-黄铁矿型。矿石结构主要为隐晶质、隐晶—细粒结构。矿石构造为角砾状构造、块状构造、网脉状构造、浸染状构造。

矿石中金属矿物有自然金、自然银、银金矿、黄铁矿、磁黄铁矿、黄铜矿、闪锌矿、方铅矿、白铁矿、辉砷铜银矿、碲银矿、碲金矿、碲铋矿、铜蓝、辉锑矿;脉石矿物主要为石英。黄铁矿主要为半自形粒状,呈浸染状、细脉状产出,多呈细粒半自形——他形,常与黄铜矿、方铅矿、闪锌矿相伴产出。黄铜矿在矿石中含量很少,主要呈他形粒状产出,与黄铁矿相伴生。方铅矿铅灰色,结晶程度较低,常呈集合体状与闪锌矿共生,在矿石中富集不均匀,多见于深部工程中。闪锌矿常呈他形集合体状、粒状,不均匀嵌布于矿石中,与黄铁矿、方铅矿相伴生,在矿石中多沿石英细脉、网脉发育,其含量较少。自然金、自然银在镜下二者呈固融体或包体状产于石英、黄铁矿、碲铋矿等矿物裂隙中。其他金属矿物含量很少,呈浸染状产出。

4. 围岩蚀变及矿化

矿区围岩蚀变发育,主要有硅化和黄铁矿化,其次为碳酸盐化、绿泥石化、绿帘石化、绢云母化、萤石化、高岭土化及蒙脱石化。

硅化是本矿区最重要的围岩蚀变,与金矿化关系密切,具多期活动,大致可分为 4 期。早期深灰色玉髓为致密块状隐晶质结构,发育宽度常达十几米,该期硅化引起的金矿化品位一般小于 0.33×10^{-6};第二期乳白色隐晶质硅化有少量角砾和黄铁矿出现,交代作用和石英细脉都很发育,金矿化品位多在 $0.33\times10^{-6}\sim1.33\times10^{-6}$ 之间;第三期灰白色细粒状石英,与金矿化关系最为密切,常有较多的角砾及黄铁矿出现,为金矿床的主要成矿阶段,硅化强烈,黄铁矿呈五角十二面体和集合体产出,硅化带宽度一般 $2\sim5m$,品位一般在 $2.00\times10^{-6}\sim20.00\times10^{-6}$ 之间;晚期乳白色石英脉,硅化强度较弱,硅质比较纯净,常呈宽的石英脉出现,晶簇、晶洞发育,含矿性较好,该期硅化与前期硅化叠加出现时,金矿化越好。

黄铁矿化比较普遍,主要出现在安山岩、流纹岩及凝灰岩中,是一种近矿围岩蚀变,黄铁矿主要呈立方体、五角十二面体和团块状集合体。其中五角十二面体和团块状集合体与金矿化关系密切,在硅化角砾岩脉中出现时,为金的主要载体矿物。

碳酸盐化在各类岩石中均可见,在凝灰岩中最为发育,呈脉状和不规则状充填在岩石的裂隙中。

绿泥石化在安山岩中最为发育,自矿体向外绿泥石化强度逐渐减弱。

(二)天望台山金矿床

1. 矿区地层及构造

区内出露的地层有中生界下白垩统光华组(K_1gn)、九峰山组(K_1j)、甘河组(K_1g)及新生界第四系全新统低河漫滩(Qh^{al}),构造主要发育有火山机构环形及放射状断裂、近东西向断裂、北西向断裂,以及规模较小的北东向、近南北向、北西向断裂。其中近东西向 F_7 断裂、北西向 F_{11} 断裂为区域性断裂。侵入岩不发育,仅在西北部发育有中生代早白垩世正长花岗岩($K_1\xi\gamma$)(图5-25)。

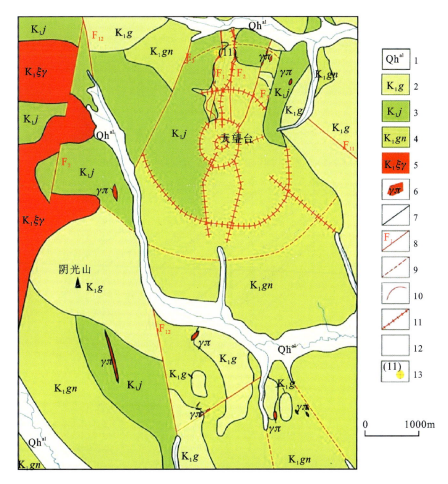

图 5-25　天望台山金矿矿区地质图(据黑龙江省第五地质勘查院,2013修编)

1.低河漫滩冲积层;2.甘河组;3.九峰组;4.光华组;5.正长花岗岩;6.花岗斑岩;7.实测地质界线;
8.实测断层及编号;9.推测断层;10.穹状火山;11.火山断裂;12.火山口或火山通道;13.岩金矿床及编号

2. 矿体特征

矿体呈脉状赋存于光华组酸性、中酸性火山岩内(图5-26)。

在①号矿化蚀变带内共圈出77条金矿(化)体(Au品位不低于0.5×10^{-6})。矿床被近南北向 F_1 断裂分为两部分:F_1 断裂西侧部分矿体倾向在270°~285°之间,倾角在55°~75°之间;大部分矿体在 F_1 断裂东侧,倾向在80°~125°之间,倾角在40°~65°之间。矿体与围岩界线不清,矿体走向均为近南北向,矿区中部的矿体分布较密集,由中部向南、向北延伸,矿体分布密度逐渐减少,总体呈脉状近平行分布;矿体在倾向方向上呈斜列式分布。沿走向、倾向上有分支复合、收缩膨胀、尖灭再现现象。矿体受近南北向放射性张性断裂的节理裂隙控制。工程控制长度在100～950m之间。控制矿体最大垂深255m,最小5m,钻孔穿过矿体最大铅直厚度34m,最小1.0m。矿体的厚度变化不大,变化系数为79%,属均匀型;品位变化较大,最高品位114.24×10^{-6},最低0.11×10^{-6},平均品位2.77×10^{-6},品位变化系数为306%,属不均匀型。其中,Ⅳ号矿体为主矿体,控制长度950m,呈北北东向分布。Au 最高品位为114.24×10^{-6},最低0.14×10^{-6},平均品位3.52×10^{-6},品位变化系数为306%,变化较大;平均真厚度为2.28m,厚度变化系数为79%,变化稳定;矿体最大延深(斜深)220m左右;矿体基本连续,沿走向、倾斜方向有膨胀收缩现象。矿体产状:倾向80°～110°,倾角40°～65°(图5-25)。

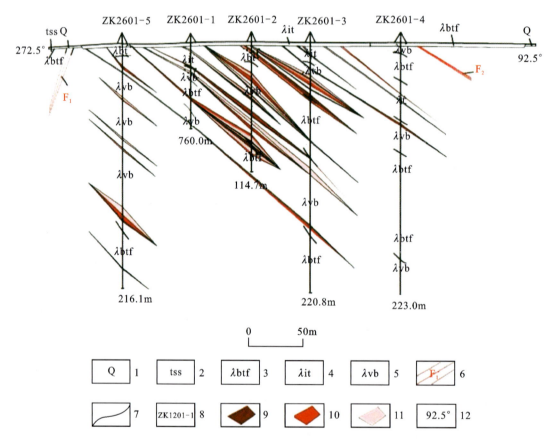

图5-26 天望台山金矿26勘探线剖面图(据黑龙江省第五地质勘查院,2010修编)
1.第四系堆积物;2.凝灰质砂岩;3.流纹质凝灰岩;4.熔结凝灰岩;5.火山角砾岩;6.断层;7.地质界线;8.钻孔及编号;9.金工业矿体;10.金低品位矿体;11.金矿化体;12.勘探线方向

3. 矿石特征

矿区矿石类型有含金石英细网脉火山岩型及含金石英脉型。含金石英细网脉火山岩型金矿石原生矿表现为致密坚硬,相对密度大、色浅,黄铁矿化、硅化强烈,石英与黄铁矿相伴出现,多呈细脉、网脉状分布;含金石英脉型金矿石以网格状、书页状为主,由细粒镶嵌、板条状镶嵌的石英及少量黏土矿物组成,呈条带状分布,粒径0.02~1mm,局部见保持角砾假象。

矿石矿物成分简单,主要有黄铁矿和自然金,另外有少量的闪锌矿。脉石矿物主要为石英、方解石等。①黄铁矿:本矿区至少存在3个世代的黄铁矿,第Ⅰ世代黄铁矿颜色浅黄,呈他形、半自形—自形粒状分布于浸染状强硅化的火山岩中,也有一部分集合体呈脉状分布于晚阶段的石英脉中;第Ⅱ世代黄铁矿颜色黄白色,呈他形粒状分布于含金石英脉的碎裂空隙中;第Ⅲ世代黄铁矿颗粒比较粗,晶形比较好。②金:主要呈他形粒状单独分布于第三阶段的石英脉中,极少量与第Ⅱ世代黄铁矿伴生。粒径小于0.01mm。③闪锌矿:呈他形粒状,主要与第Ⅰ世代黄铁矿伴生,并被其交代,呈交代结构。粒径约0.05mm,含量较少。④石英:为本矿区主要的非金属矿物,至少存在4个世代,第Ⅰ世代表现为强烈交代火山岩并胶结火山岩角砾,与第Ⅰ世代的黄铁矿化相对应;第Ⅱ世代为乳白色石英;第Ⅲ世代表现为含金石英脉,常见呈书叶状石英搭建成格架状,普遍有压碎形成的空隙;第Ⅳ世代石英与方解石构成石英-方解石脉。

4. 矿石组构

矿石组构比较简单,结构主要为他形粒状结构(图5-27),黄铁矿、闪锌矿以及自然金等矿物呈他形粒状分布于石英中,其次为交代结构。矿石构造主要为浸染状构造、星点状构造,自然金及黄铁矿等集合体呈星点状分布于石英脉体中。

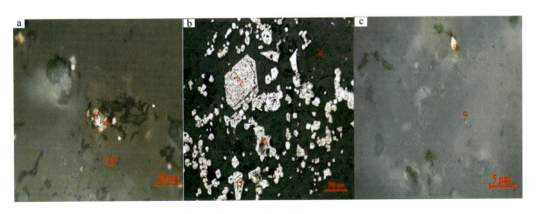

图5-27　天望台山金矿矿石结构图
a、c.他形粒状结构;b.自形—半自形粒状结构

5. 成矿阶段

根据野外观察,结合室内矿石学的研究,天望台山金矿成矿可划分为热液期和表生期,

其中热液期又可划分为 4 个成矿阶段(图 5-28),矿物生成顺序见表 5-13。

图 5-28 天望台山金矿成矿阶段

a.Ⅰ阶段深灰色石英脉;b.Ⅱ阶段乳白色石英脉切穿Ⅰ阶段深灰色石英脉;c.Ⅲ阶段书页状石英脉;
d.Ⅰ阶段深灰色石英脉与Ⅱ阶段乳白色石英脉;e.Ⅲ阶段灰白色石英脉切穿Ⅱ阶段石英脉;f.Ⅳ阶段石英-方解石脉

表 5-13 天望台山金矿矿物生成顺序图表

主要矿物	热液成矿期				表生成矿期
	石英-黄铁矿阶段	石英阶段	石英-黄铁矿-金阶段	石英-方解石阶段	
石英1	━━━				
黄铁矿1	───				
闪锌矿	─				
石英2		━━			
金			──		
黄铁矿2			───		
石英3			━━		
石英4				━━	
方解石				━━	
黄铁矿3				──	
褐铁矿					──

(1) 石英-黄铁矿阶段（Ⅰ）：该阶段以深灰色玉髓状硅化和晶型较好、颗粒较大的黄铁矿为特点，石英为致密块状隐晶质结构，发育有较多的黄铁矿及少量闪锌矿，未见金矿化。

(2) 石英阶段（Ⅱ）：该阶段以乳白色隐晶质石英大量出现为特征，未见金矿化。

(3) 石英-黄铁矿-金阶段（Ⅲ）：主要产出形式为灰白色石英脉，包括网脉状石英脉和书页状石英脉，发育较多的黄铁矿，为主成矿阶段。

(4) 石英-方解石阶段（Ⅳ）：发育大量方解石及少量石英，其中方解石呈菱面体，有少量的黄铁矿化。

6. 围岩蚀变

围岩蚀变较发育，且为低温蚀变，类型主要有硅化、绢云母化、黄铁矿化、绿帘石化、绿泥石化、碳酸盐化等（图5-29），其中，硅化、黄铁矿化与金成矿关系密切。

图5-29　天望台山金矿围岩蚀变类型
Ser. 绢云母；Chl. 绿泥石；Q. 石英；Py. 黄铁矿；Ep. 绿帘石；Cal. 方解石

硅化：是矿区内最广泛、强度最大的蚀变类型，可分为4期。第一期硅化表现为深灰色玉髓状石英；第二期硅化表现为乳白色隐晶质石英；第三期硅化表现为灰白色书页状、脉状石英，该期硅化与金矿化关系最为密切；第四期硅化主要与方解石一起形成石英-方解石脉。

黄铁矿化：也是重要的蚀变之一，分布比较普遍也，可以分为3期。第一期黄铁矿化，黄铁矿晶型较好，颗粒较大，但与成矿关系不大；第二期黄铁矿化呈星点状分布，一般为他形，粒径较小，该期与金的成矿最为密切；第三期黄铁矿集合体以脉状充填在岩石裂隙中。

绢云母化：主要发育于中酸性火山岩中，显微镜下见到斜长石斑晶普遍发生了绢云母化。

绿泥石化：主要发育于中性火山岩中，部分在酸性火山岩中产生，与金矿化关系不密切。

绿帘石化：为本区内较常见蚀变矿物，主要分布于中性及弱酸性火山岩中，绿帘石以各种方式交代斜长石，颜色浅黄绿色，与金矿化关系不密切。

碳酸盐化：主要在岩石的节理裂隙面出现，方解石呈薄膜状、脉状和不规则状充填在岩石的节理裂隙中。

(三) 古利库金矿

1. 矿区地层及构造

矿区主要出露奥陶系—下志留统落马湖岩群基底变质岩系，下白垩统龙江组和光华组中性—酸性火山岩盖层（图 5-30）。侵入岩欠发育，主要为矿区东南角寒武纪白云二长花岗岩体，与落马湖岩群变质岩呈侵入接触，普遍糜棱岩化，部分为赋矿围岩；Ⅱ号矿带附近见少数花岗斑岩脉侵入落马湖岩群和光华组英安岩中。矿区以断裂和火山构造为主，构造（轴）线方向主要为北西向和北东向，火山穹隆、北西向韧性剪切带及北西向断裂为矿区重要控矿构造，北西向和北东向断裂、火山穹隆的次级火山构造及爆破角砾岩筒为主要容矿构造。

2. 矿体特征

矿区有 2 个矿带，即北部Ⅰ号矿带（Ⅱ号化探异常区）和南部Ⅱ号矿带（Ⅲ号化探异常区）。矿带呈北西向分布，共圈出近 20 条金、银矿（化）体，10 条矿体，包括Ⅰ号矿带的 2 号、4 号、6 号、8 号、10 号、11 号矿体和Ⅱ号矿带的 12-1 号、12-2 号、12-3 号和 13 号矿体，其中金矿体 6 条、金银复合矿体 3 条及银矿（化）体 1 条。Ⅰ号矿带仅产出金矿体，银矿体和金银复合矿体均产出于Ⅱ号矿带，以 2 号银金矿体、10 号银金矿体、12 号金矿体群及 13 号金矿体规模较大（图 5-30a，b）。

矿区主要矿体较集中分布于南部龙江组和光华组火山岩与兴华渡口岩群兴安桥岩组变质岩的接触带（如 2 号、8 号及 10 号矿体），总体围绕爆破角砾岩筒中心带和震碎带呈弧形分布（如 2 号和 10 号矿体）；仅 12 号矿体群呈北北东向分布于矿区北部龙江组安山岩中（图 5-30a，b，c）。矿体以（短）脉状和弧形脉状为主，次为条带状，总体规模较小（长几十米到 300m，厚 2~20m，延深小于 100m），品位变化较大；矿体走向以北北东向和北北西向为主，次为北西西向。倾向以北西向和南北向为主，次为北东向。产状主要分为 3 组：①走向北北东（20°~50°），倾向北西，中等倾斜（40°~60°），如 2 号金银矿体和 12 号金矿体群；②走向北北西（325°~340°），倾向北东，中等倾斜（50°~60°），矿体普遍分布，以 8 号金矿体为代表，倾向南西，缓倾（30°~45°），如 10 号银金矿体北段；③走向北西西（280°~290°），倾向北东，中等—较陡倾斜（50°~70°），或倾向南西，缓倾（30°~45°），分布不多，如 1 号和 5 号金矿化体。Ⅰ号矿带 12 号金矿体群产状较单一，呈北西向倾向，中等倾斜，Ⅱ号矿带产于爆破角砾岩筒周缘。金、金银、银金及银矿体产状多变，其中银和银金矿体产状变化少，包括倾向北西向和南西向，缓倾—中等倾斜，金和金银矿体产状多变，以南西缓倾、北东和北西较陡—中等倾斜为主。

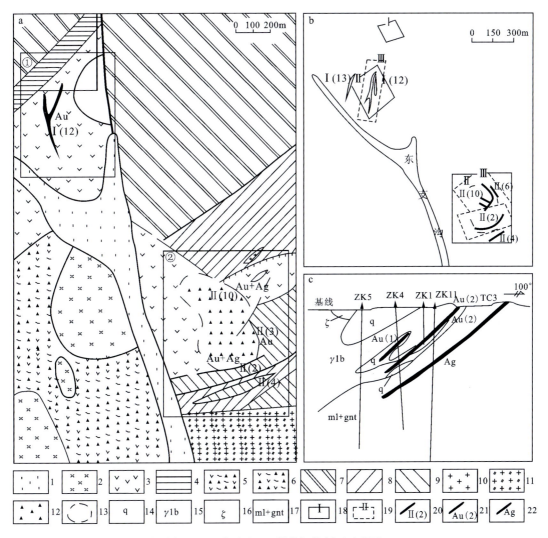

图 5-30 古利库矿区地质图及 190 号勘探线剖面示意图(据杨永胜,2017)

a.矿区地质简图;b.矿区平面图;c.矿区剖面图;1.第四系;2.流纹岩;3.英安岩;4.凝灰岩;5.英安质熔结砾岩;6.安山质熔结角砾岩;7.千枚岩;8.变粒岩;9.片麻岩;10.花岗斑岩;11.二长花岗岩;12.爆破角砾岩;13.角砾岩筒;14.玉髓状硅化脉;15.流纹质角砾熔岩;16.爆破角砾岩;17.糜棱岩化变砾岩;18.化探异常区分布及编号;19.矿化蚀变区及编号;20.矿带(矿体)编号;21.金矿体;22.银矿体

3. 矿石特征

矿石类型可分为冰长石-石英脉型金银矿石和黄铁矿化-硅化岩型金矿石 2 种,前者为 Ⅱ 号矿带(如 2 号和 10 号矿体)的主要矿石类型,Au 和 Ag 品位高(可分别达 195.76×10^{-6} 和 565.13×10^{-6}),包括角砾状、条带状及斑杂状矿化冰长石-石英脉型金银矿石、冰长石-梳状石英脉型金银矿石、叶片状白云石-冰长石-石英脉型金银矿石 5 种亚类;后者见于 Ⅰ 号(如 12 号矿体群)和 Ⅱ 号矿带(如 10 号矿体),且为 Ⅰ 号矿带主要矿石类型,Au 品位相对较低,包括网脉状冰长石-硅化岩型金矿石(亦可划出冰长石-网脉状/梳状石英脉型、脉状方解石/白云石-冰长石-石英脉型、角砾状冰长石-硅化安山岩型、浸染状-网脉状黄铁矿-硅化安山岩、英安岩型)和浸染状黄铁矿(微细浸染状)硅化蚀变岩型(安山岩和英安岩为主)金矿石2种亚类。

金属矿物以金属硫化物为主,有黄铁矿、辉银矿、黝铜矿、黄铜矿、方铅矿、辉钼矿、闪锌矿、辉铜矿;贵金属矿物为自然金、金银矿、银金矿及自然银。金属氧化物和氢氧化物有磁铁矿、褐铁矿、蓝铜矿、孔雀石、铅矾、自然铜。非金属矿物主要为石英、玉髓、(铁)白云石、方解石、冰长石、绢云母、钾长石、斜长石、角闪石、云母类矿物,次为绿帘石、绿泥石、伊利石、叶蜡石。含金矿物有自然金、金银矿、银金矿、辉银矿、脆银矿,其他载金矿物有石英、铜矿物(黝铜矿和黄铜矿)、黄铁矿及方铅矿。

矿石结构主要有自形—半自形粒状结晶结构、溶蚀边结构、交代残余结构、脉状穿插结构、固溶体分离结构等。矿石构造有脉状-网脉状构造、角砾状构造,少量浸染状构造、胶状构造和晶洞状构造。

4. 围岩蚀变及分带

围岩蚀变主要为硅化、黄铁矿化、冰长石化、绢云母化、碳酸盐化,另外还有高岭石化、叶蜡石化、青磐岩化,其中硅化、冰长石化及黄铁矿化与金成矿关系最密切。

蚀变具有较明显的分带性,由内向外依次为:冰长石-硅化内带、绢云母-黄铁矿化中外带、高岭土化外带(英安岩围岩中)或青磐岩化外带(安山岩围岩中)。金银矿体均产于冰长石-硅化内带。

5. 成矿阶段

矿床形成过程可分为5个阶段(表5-14)。

表5-14 古利库金矿成矿阶段及矿物生成顺序表

主要矿物	成矿阶段				
	石英阶段	玉髓-黄铁矿阶段	石英-黄铁矿阶段	石英-多金属硫化物阶段	石英-碳酸盐阶段
石英	————————	————————	————————	————————	————————
黄铁矿		————————	————————		
冰长石		———			
自然金			———	————————	
闪锌矿				————————	
黄铜矿				———	
黝铜矿				———	
方铅矿				———	
方解石				———	———
辉铜矿				———	

三、火山-次火山岩特征

1. 主量元素地球化学特征

区内典型矿床岩（矿）石主量元素分析结果如表 5-15 所示。火山岩 SiO_2 质量分数为 51.75%～77.68%，平均为 70.11%；安山岩 SiO_2 质量分数为 58.62%～58.71%，平均为 58.66%；石英斑岩 SiO_2 质量分数为 71.18%～78.40%，平均为 73.73%；硅化角砾岩矿石 SiO_2 质量分数为 90.28%；其余火山岩样品的 SiO_2 含量较为一致，含量在 73.66%～77.68%之间。火山岩全碱（质量分数为 4.79%～7.42%，平均为 5.68%）低于石英斑岩（质量分数为 7.15%～7.92%，平均为 7.46%），明显高于硅化角砾岩矿石（质量分数为 0.86%）；石英斑岩 K_2O 质量分数明显高于其他岩石，Na_2O 质量分数明显低于火山岩，并表现为富钾低钠。石英斑岩、各类火山岩里特曼指数为 1.5～3.0，均小于 3.3，表明岩石均为钙碱性岩石；TiO_2、MgO 质量分数较低，分别为 0.14%～1.16%、0.18%～3.26%；氧化指数[Fe_2O_3/(Fe_2O_3+FeO)]为 0.63～0.88，平均为 0.75。在 TAS 图解中，安山岩样品投影在粗面安山岩区域，其他样品均投影在流纹岩区域（图 5-31），均属于亚碱性系列；在 SiO_2-K_2O 图解中，玄武安山岩、安山岩、流纹岩表现为高钾钙碱性系列，而玄武岩和石英斑岩表现为钾玄系列（图 5-32）。区内安山岩样品具有较高的 Al_2O_3 含量（15.93%～15.99%）和 CaO 含量（4.03%～4.12%），其余样品的 Al_2O_3 含量变化于 10.73%～12.42%之间，CaO 含量变化于 0.15%～1.35%之间。所有岩浆岩 A/CNK 为 1.66～3.14，A/NK 为 1.69～3.72，表明区内火山岩均为过铝质岩石。

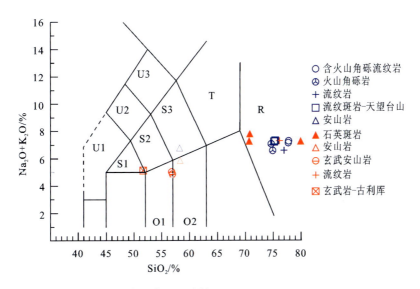

图 5-31　火山岩 TAS 图解（底图据 Le Maitre et al, 1989）

O1. 玄武安山岩；O2. 安山岩；R. 流纹岩；S1. 粗面玄武岩；S2. 玄武质粗面安山岩；S3. 粗面安山岩；
T. 粗面岩、粗面英安岩；U1. 碱玄岩、碧玄岩；U2. 响岩质碱玄岩；U3. 碱玄质响岩

表 5-15 不同矿区岩(矿)石主量元素分析结果表

矿区	岩石类型	样品编号	Na₂O	MgO	Al₂O₃	SiO₂	P₂O₅	K₂O	CaO	TiO₂	MnO	Fe₂O₃	FeO	H₂O⁺	CO₂	Na₂O+K₂O	K₂O/Na₂O
天望台山	含火山角砾流纹岩	TW-0391	0.19	0.28	11.84	77.68	0.03	6.98	0.15	0.34	0.01	0.69	0.18	1.32	0.04	7.17	36.74
	含火山角砾流纹岩	TW-0393	0.20	0.30	11.87	77.48	0.03	6.93	0.16	0.36	0.01	0.76	0.18	1.38	0.04	7.13	34.65
	流纹斑岩	TW-0411	2.76	0.85	12.27	74.34	0.07	4.42	1.35	0.27	0.07	0.83	1.25	1.04	0.28	7.18	1.60
	流纹斑岩	TW-0413	2.79	0.80	12.17	74.61	0.07	4.48	1.28	0.25	0.06	0.76	1.18	1.16	0.18	7.27	1.61
	安山岩	TW-0421	3.87	2.54	15.93	58.71	0.42	3.03	4.03	0.96	0.10	2.34	3.15	2.61	2.02	6.90	0.78
	安山岩	TW-0423	3.84	2.53	15.99	58.62	0.43	3.02	4.12	0.97	0.11	2.45	3.05	2.56	2.02	6.86	0.79
	流纹岩	TW-0432	1.22	0.23	12.42	76.73	0.02	5.31	0.64	0.10	0.04	0.67	0.62	1.45	0.32	6.53	4.35
	流纹岩	TW-0433	1.20	0.21	12.23	76.61	0.02	5.35	0.65	0.10	0.04	0.90	0.72	1.49	0.25	6.55	4.46
	火山角砾岩	TW-0441	0.29	1.29	10.73	73.66	0.10	6.74	1.33	0.41	0.05	1.28	1.52	1.50	0.89	7.03	23.24
	火山角砾岩	TW-0442	0.32	1.32	10.92	73.89	0.10	6.21	1.35	0.40	0.05	1.32	1.45	1.55	0.83	6.53	19.41
旁开门	矿石	PK-1	0.05	0.09	3.20	90.28	0.02	0.82	0.16	0.14	0.02	0.95	0.56	—	—	0.87	16.40
	石英斑岩	PK-7-1	0.10	0.29	13.47	71.18	0.09	7.06	0.14	0.66	0.01	2.90	0.48	—	—	7.16	70.60
	石英斑岩	PK-7-2	0.34	0.47	16.05	71.61	0.60	7.58	0.09	0.76	0.01	2.85	0.60	—	—	7.92	22.29
	石英斑岩	PKA	0.11	0.09	12.32	78.40	0.03	7.19	0.13	0.17	0.01	0.58	0.16	—	—	7.30	65.36
	玄武安山岩	PKd	1.32	3.26	18.20	56.83	0.32	3.46	3.18	1.07	0.16	4.99	2.29	—	—	4.78	2.62
	玄武安山岩	XW	1.48	2.53	14.93	51.75	0.34	3.65	6.44	1.08	0.12	5.28	2.53	—	—	5.13	2.46
	玄武安山岩	XA	2.93	3.11	17.22	56.25	0.36	2.15	3.25	1.16	0.11	8.20	1.64	—	—	5.08	0.73
	安山岩	AS	3.39	2.38	16.97	58.66	0.35	2.59	3.41	1.13	0.11	7.14	1.91	—	—	5.98	0.76
	流纹岩	LW	3.21	0.18	13.96	74.82	0.05	4.21	0.37	0.32	0.03	1.18	0.16	—	—	7.42	1.31

注：表中旁开门矿区数据引自李同文等，2012；各主量元素含量单位为%。

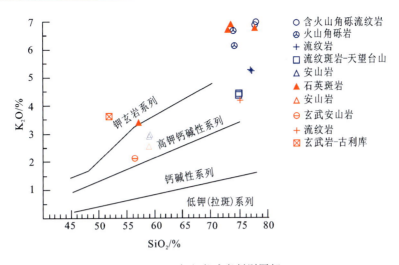

图 5-32 火山岩碱度判别图解

2. 微量元素地球化学特征

微量元素分析数据列于表 5-16,其原始地幔标准化的微量元素蛛网图如图 5-33 所示。区内两个典型矿床火山岩样品的分布曲线特征整体上较为协调一致,表明它们可能为同一岩浆源区演化的产物。所有样品均表现出富集 Rb、Ba、Th、U、Pb 等大离子亲石元素,而亏损 Nb、P、Ti 等高场强元素的特征。其中安山岩样品的微量元素含量总体比其他样品高,硅化角砾岩矿石微量元素含量相对偏低,但明显富集 Pb 元素。

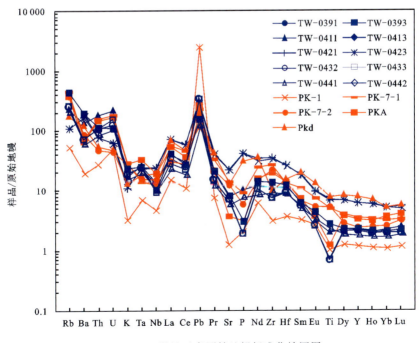

图 5-33 微量元素原始地幔标准化蛛网图

表 5-16 不同矿区岩石微量元素分析结果表

矿区	样品编号	Rb	Ba	Th	U	Ta	Nb	La	Ce	Pb	Pr	Sr	P	Nd	Zr	Hf	Sm	Eu	Ti	Dy	Y	Ho	Yb	Lu
天望台山	TW-0391	273	1380	9.82	2.31	0.66	7.31	28.40	50.30	11.30	5.70	169	300	19.40	158	3.92	3.06	0.70	3400	1.70	10.20	0.33	1.06	0.16
	TW-0393	281	1404	10.10	2.41	0.70	7.54	29.60	52.40	11.40	6.00	173	300	19.90	156	3.86	3.31	0.75	3600	1.75	10.80	0.35	1.06	0.17
	TW-0411	154	678	16.30	4.75	1.12	9.53	30.10	54.70	25.10	5.39	163	700	17.70	126	3.61	2.91	0.51	2700	1.72	10.90	0.35	1.07	0.18
	TW-0413	153	679	15.90	4.62	1.12	9.71	29.20	53.30	22.90	5.22	152	700	17.30	127	3.66	2.84	0.54	2500	1.68	10.50	0.33	1.07	0.17
	TW-0421	74	1141	7.01	1.42	1.05	18.10	53.00	112.00	24.10	12.20	511	4200	46.80	418	8.73	8.63	1.76	9600	5.43	30.20	1.06	2.79	0.41
	TW-0423	73	1119	6.92	1.40	1.01	17.90	52.10	105.00	16.10	12.10	483	4300	45.90	402	8.49	8.61	1.78	9700	5.30	29.70	0.99	2.70	0.39
	TW-0432	177	880	15.90	3.48	1.07	9.31	24.80	46.30	26.70	4.64	85	200	15.20	92	3.09	2.59	0.46	1000	1.71	10.70	0.33	1.14	0.18
	TW-0433	178	889	15.90	3.38	1.06	9.18	25.90	48.30	25.80	4.77	82.6	200	16.10	89	3.00	2.64	0.48	1000	1.72	10.60	0.34	1.20	0.18
	TW-0441	331	580	9.84	2.83	0.74	7.83	21.90	43.10	15.20	4.56	173	1000	16.60	126	3.47	3.13	0.69	4100	2.15	12.90	0.43	1.21	0.19
	TW-0442	323	575	9.75	2.78	0.74	7.68	21.90	42.80	16.40	4.62	164	1000	16.90	133	3.52	3.21	0.68	4000	2.20	12.70	0.44	1.30	0.19
旁开门	PK-1	36	143	2.40	1.10	0.30	3.40	10.78	19.98	187.00	2.24	27	200	8.63	36	1.20	1.52	0.47	1400	0.98	5.59	0.19	0.55	0.09
	PK-7-1	311	737	4.40	1.10	0.60	9.40	41.27	85.56	16.00	9.47	313	900	34.06	311	4.30	5.10	1.33	6600	2.95	13.28	0.54	1.55	0.25
	PK-7-2	280	691	4.30	1.00	0.70	11.80	23.02	53.57	15.00	5.78	270	600	21.77	280	5.10	3.31	0.98	7600	2.28	12.03	0.44	1.38	0.25
	PKA	234	494	13.20	3.80	1.40	14.90	39.40	67.94	20.00	6.87	83	300	23.56	234	4.30	3.89	0.66	1700	2.85	15.38	0.54	1.90	0.31
	PKd	120	912	5.20	1.10	0.80	12.90	50.16	90.94	9.00	12.58	268	3200	51.7	120	5.00	9.41	2.39	10700	6.59	37.87	1.23	2.70	0.45

注：表中旁开门矿区数据引自李向文等，2012；各微量元素含量单位为$\times 10^{-6}$。

3. 稀土元素地球化学特征

稀土元素分析数据列于表5-17，区内岩（矿）石稀土元素质量分数总量除矿石外基本相同，富集轻稀土元素（LREE），轻、重稀土元素分馏明显[$(La/Yb)_N=11.97\sim24.23$]，轻稀土分馏明显[$(La/Sm)_N=5.03\sim10.34$]，稀土元素球粒陨石标准化配分图上，稀土配分曲线呈右倾斜（图5-34）；旁开门矿区岩石样品出现明显的负Eu异常（$\delta Eu=0.16\sim0.79$），其中，石英斑岩呈微弱负异常到极弱正异常（$\delta Eu=0.56\sim1.02$），硅化角砾岩矿石几乎无异常（$\delta Eu=0.998$），而天望台山矿区岩石样品呈中等负Eu异常（$\delta Eu=0.61\sim0.80$）。安山岩样品的稀土元素总含量较高（$\Sigma REE=275\times10^{-6}\sim285\times10^{-6}$），其余样品的稀土元素总含量均变化于$111\times10^{-6}\sim130\times10^{-6}$之间。总体上，区内火山岩和石英斑岩除负Eu异常外，均表现出较为一致的稀土元素配分特征，暗示它们为同源岩浆演化的产物；火山岩Eu的亏损说明岩浆喷发过程中斜长石可能发生了一定程度的结晶分异作用。

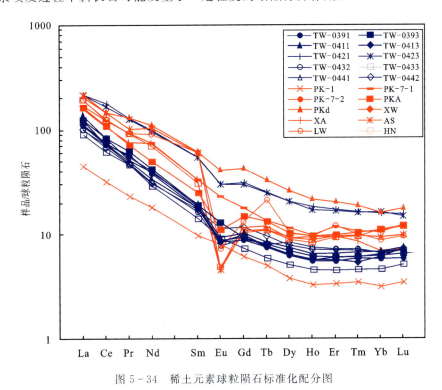

图5-34 稀土元素球粒陨石标准化配分图

4. U-Pb年代学

区内火山岩样品锆石U-Pb测年结果见表5-18。旁开门金矿流纹斑岩中的锆石可划分出4组：①第一组为热液改造的锆石，具有较老的U-Pb年龄，早期锆石被晚期再生锆石包裹，Th/U值为1.0，具有较高的$^{207}Pb/^{235}U$值（0.5804），$^{206}Pb/^{238}U$年龄为（141±1）Ma。②第二组呈半自形柱锥状晶体，大小约为$70\mu m\times100\mu m$，多数为单晶，少数内部包裹捕获或残留碎屑锆石，具有较老的U-Pb年龄（118～115）Ma，加权平均年龄为（116±3.4）Ma

表 5-17 各矿区岩石稀土元素分析结果及球粒陨石标准化特征表

矿区	样品编号	La	Ce	Pr	Nd	Sm	Eu	Gd	Tb	Dy	Ho	Er	Tm	Yb	Lu	Y	ΣREE	LREE	HREE	LREE/HREE	LaN/YbN	δEu	δCe
天台山	TW-0391	28.40	50.30	5.70	19.40	3.06	0.70	2.11	0.31	1.70	0.33	1.00	0.16	1.06	0.16	10.20	114.39	107.56	6.83	15.75	19.22	0.80	0.91
	TW-0393	29.60	52.40	6.00	19.90	3.31	0.75	2.21	0.32	1.75	0.35	0.99	0.16	1.06	0.17	10.80	118.97	111.96	7.01	15.97	20.03	0.80	0.91
	TW-0411	30.10	54.70	5.39	17.70	2.91	0.51	1.96	0.30	1.72	0.35	0.99	0.16	1.07	0.18	10.90	118.04	111.31	6.73	16.54	20.18	0.62	0.97
	TW-0413	29.20	53.30	5.22	17.30	2.84	0.54	2.03	0.29	1.68	0.33	0.95	0.14	1.07	0.17	10.50	115.06	108.40	6.66	16.28	19.57	0.65	0.98
	TW-0421	53.00	112.00	12.20	46.80	8.63	1.76	6.58	0.97	5.43	1.06	2.92	0.42	2.79	0.41	30.20	254.97	234.39	20.58	11.39	13.63	0.69	1.04
	TW-0423	52.10	105.00	12.10	45.90	8.61	1.78	6.38	0.95	5.30	0.99	2.82	0.42	2.70	0.39	29.70	245.44	225.49	19.95	11.30	13.84	0.70	0.99
	TW-0432	24.80	46.30	4.64	15.20	2.59	0.46	1.91	0.30	1.71	0.33	1.04	0.16	1.14	0.18	10.70	100.76	93.99	6.77	13.88	15.60	0.60	0.99
	TW-0433	25.90	48.30	4.77	16.10	2.64	0.48	1.99	0.31	1.72	0.34	1.01	0.16	1.20	0.18	10.60	105.10	98.19	6.91	14.21	15.48	0.61	0.99
	TW-0441	21.90	43.10	4.56	16.60	3.13	0.69	2.54	0.38	2.15	0.43	1.28	0.19	1.21	0.19	12.90	98.35	89.98	8.37	12.98	12.08	0.73	1.00
	TW-0442	21.90	42.80	4.62	16.90	3.21	0.68	2.57	0.38	2.20	0.44	1.23	0.19	1.30	0.19	12.70	98.61	90.11	8.50	10.60	14.06	0.70	0.99
旁开门	PK-1	10.78	19.98	2.24	8.63	1.52	0.47	1.29	0.19	0.98	0.19	0.57	0.09	0.55	0.09	5.59	47.57	43.62	3.95	11.04	14.16	1.00	0.95
	PK-7-1	41.27	85.56	9.47	34.06	5.10	1.33	3.69	0.52	2.95	0.54	1.56	0.25	1.55	0.25	13.28	188.10	176.79	11.31	15.63	19.10	0.89	1.02
	PK-7-2	23.02	53.57	5.78	21.77	3.31	0.98	2.48	0.36	2.28	0.44	1.45	0.23	1.38	0.25	12.03	117.30	108.43	8.87	12.22	11.97	1.00	1.11
	PKA	39.40	67.94	6.87	23.56	3.89	0.66	3.06	0.49	2.85	0.54	1.70	0.28	1.90	0.31	15.38	153.45	142.32	11.13	12.79	14.87	0.56	0.93
	PKd	50.16	90.94	12.58	51.70	9.41	2.39	8.77	1.24	6.59	1.23	3.39	0.48	2.70	0.45	37.87	242.03	217.18	24.85	8.74	13.33	0.79	0.86
	XW	46.86	89.15	8.60	35.63	6.60	0.32	2.69	0.51	2.60	0.58	1.95	0.29	1.74	3个样品平均值		197.52	187.16	10.36	18.07	19.32	0.20	1.01
	XA	52.22	90.02	11.69	45.62	6.85	0.36	3.22	0.60	3.16	0.71	2.14	0.30	1.88	5个样品平均值		218.77	206.76	12.01	17.22	19.92	0.21	0.86
	AS	49.88	86.00	9.72	47.18	6.90	0.27	2.48	0.47	2.50	0.56	1.80	0.26	1.61	4个样品平均值		209.63	199.95	9.68	20.66	22.22	0.16	0.90
	LW	46.75	73.55	8.92	43.65	9.30	0.45	2.77	0.81	2.62	0.53	2.04	0.27	1.57	2个样品平均值		193.23	182.62	10.61	17.21	21.36	0.21	0.83
	HN	47.30	78.65	8.72	33.60	4.88	0.29	2.18	0.41	2.25	0.49	1.58	0.25	1.40	2个样品平均值		182	173.44	8.56	20.26	24.23	0.24	0.88

注：表中旁开门矿区数据引自李向文等，2012；各稀土元素含量单位为 $\times 10^{-6}$。

第五章 燕山期与中酸性岩浆活动有关的铜、钼、金、银矿成矿系列

表 5-18 锆石 U-Pb 年龄分析结果

点号	Th/$\times 10^{-6}$	U/$\times 10^{-6}$	Th/U	同位素比值 ^{207}Pb/^{206}Pb	1σ	^{207}Pb/^{235}U	1σ	^{206}Pb/^{238}U	1σ	年龄/Ma ^{207}Pb/^{235}U	1σ	^{206}Pb/^{238}U	1σ	来源
流纹斑岩(PKM-75)														
1	2416	2051	1.18	0.047 5	0.001 1	0.116 1	0.002 8	0.017 7	0.000 1	112	3	113	1	唐臣,2011
2	263	281	0.93	0.066 7	0.004 5	0.165 2	0.011 4	0.017 9	0.000 2	155	10	114	1	
3	1078	906	1.19	0.049 1	0.001 4	0.117 0	0.003 3	0.017 3	0.000 1	112	3	110	1	
4	609	693	0.88	0.049 1	0.001 7	0.114 8	0.003 9	0.017 0	0.000 2	110	4	108	1	
5	730	677	1.08	0.049 5	0.001 8	0.112 5	0.003 9	0.016 5	0.000 2	108	4	106	1	
6	270	196	1.38	0.070 0	0.006 7	0.199 6	0.020 6	0.020 2	0.000 4	185	17	129	2	
7	899	556	1.62	0.051 0	0.002 1	0.116 9	0.004 6	0.016 6	0.000 2	112	4	106	1	
8	497	437	1.14	0.054 1	0.002 1	0.133 7	0.005 3	0.017 8	0.000 2	127	5	114	1	
9	365	446	0.82	0.046 9	0.002 1	0.118 4	0.005 4	0.018 3	0.000 2	114	5	117	1	
10	721	658	1.10	0.050 1	0.001 9	0.119 7	0.004 2	0.017 4	0.000 2	115	4	111	1	
11	369	477	0.77	0.053 6	0.002 1	0.131 8	0.005 4	0.017 9	0.000 2	126	5	114	1	
12	1713	825	2.08	0.052 2	0.001 8	0.121 1	0.004 1	0.016 8	0.000 1	116	4	107	1	
13	629	960	0.66	0.056 7	0.002 8	0.144 3	0.008 5	0.018 1	0.000 2	137	8	115	1	
14	448	517	0.87	0.065 2	0.002 8	0.157 8	0.007 2	0.017 6	0.000 2	149	6	112	1	
15	542	577	0.94	0.049 7	0.001 9	0.120 2	0.004 6	0.017 5	0.000 2	115	4	112	1	
16	912	1052	0.87	0.053 7	0.001 3	0.131 7	0.003 3	0.017 7	0.000 1	126	3	113	1	
17	282	368	0.77	0.053 0	0.002 5	0.125 4	0.006 0	0.017 2	0.000 2	120	5	110	1	
18	484	445	1.09	0.061 5	0.003 2	0.150 2	0.007 8	0.017 8	0.000 2	142	7	114	1	
19	467	615	0.76	0.048 6	0.001 8	0.119 2	0.004 1	0.017 9	0.000 2	114	4	114	1	
20	752	749	1.00	0.184 5	0.006 6	0.580 4	0.025 6	0.022 1	0.000 3	465	16	141	2	
21	256	220	1.17	0.055 3	0.003 7	0.137 7	0.008 6	0.018 4	0.000 3	131	8	118	2	

续表 5-18

点号	Th/$\times 10^{-6}$	U/$\times 10^{-6}$	Th/U	同位素比值							年龄/Ma				来源
				$^{207}Pb/^{206}Pb$	1σ	$^{207}Pb/^{235}U$	1σ	$^{206}Pb/^{238}U$	1σ	$^{207}Pb/^{235}U$	1σ	$^{206}Pb/^{238}U$	1σ	
含火山角砾流纹岩（TW-39）															
1	518	583	0.89	0.049 89	0.003 32	0.128 27	0.009 04	0.018 29	0.000 33	123	8	117	2	本次工作
2	365	515	0.71	0.053 25	0.004 44	0.131 48	0.011 26	0.017 84	0.000 29	125	10	114	2	
3	976	881	1.11	0.049 11	0.002 76	0.122 80	0.006 92	0.018 09	0.000 28	118	6	116	2	
4	330	606	0.54	0.045 94	0.003 39	0.117 19	0.008 57	0.018 45	0.000 34	113	8	118	2	
5	154	192	0.80	0.059 34	0.006 01	0.148 75	0.016 50	0.017 84	0.000 69	141	15	114	4	
6	187	232	0.81	0.081 53	0.007 81	0.203 70	0.020 07	0.018 40	0.000 47	188	17	118	3	
7	223	424	0.53	0.047 37	0.004 16	0.119 38	0.010 44	0.018 19	0.000 33	115	9	116	2	
8	295	572	0.52	0.046 92	0.003 93	0.116 99	0.009 28	0.018 11	0.000 34	112	8	116	2	
9	665	671	0.99	0.051 41	0.003 20	0.128 35	0.007 77	0.018 42	0.000 32	123	7	118	2	
10	459	511	0.90	0.049 04	0.003 97	0.120 80	0.009 48	0.018 14	0.000 35	116	9	116	2	
11	105	184	0.57	0.084 05	0.009 53	0.200 91	0.017 65	0.019 36	0.000 54	186	15	124	3	
12	228	273	0.83	0.055 86	0.006 85	0.143 64	0.016 36	0.018 85	0.000 51	136	15	120	3	
13	194	278	0.70	0.056 69	0.006 57	0.135 96	0.015 20	0.017 79	0.000 44	129	14	114	3	
14	268	352	0.76	0.049 90	0.005 30	0.123 48	0.012 52	0.018 24	0.000 43	118	11	117	3	
15	1069	2265	0.47	0.050 43	0.002 23	0.127 85	0.005 54	0.018 31	0.000 31	122	5	117	2	
16	642	827	0.78	0.048 59	0.003 80	0.122 40	0.009 05	0.018 36	0.000 33	117	8	117	2	
17	498	1420	0.35	0.051 01	0.002 55	0.130 13	0.006 13	0.018 49	0.000 28	124	6	118	2	
18	205	346	0.59	0.050 93	0.004 68	0.126 36	0.010 78	0.018 40	0.000 37	121	10	118	2	
19	269	390	0.69	0.054 09	0.004 74	0.134 05	0.011 57	0.018 13	0.000 38	128	10	116	2	
20	473	645	0.73	0.071 76	0.005 29	0.181 13	0.012 95	0.018 20	0.000 37	169	11	116	2	

续表 5-18

点号	Th/×10⁻⁶	U/×10⁻⁶	Th/U	同位素比值							年龄/Ma				来源
				$^{207}Pb/^{206}Pb$	1σ	$^{207}Pb/^{235}U$	1σ	$^{206}Pb/^{238}U$	1σ	$^{207}Pb/^{235}U$	1σ	$^{206}Pb/^{238}U$	1σ	
流纹斑岩（TW-41）														
1	138	296	0.46	0.052 36	0.002 93	0.133 19	0.007 41	0.018 77	0.000 33	127	7	120	2	本次工作
2	191	378	0.51	0.049 55	0.002 77	0.124 35	0.006 79	0.018 48	0.000 27	119	6	118	2	
3	162	403	0.40	0.049 00	0.002 47	0.123 66	0.005 89	0.018 51	0.000 27	118	5	118	2	
4	122	258	0.47	0.052 21	0.003 52	0.129 59	0.008 36	0.018 43	0.000 30	124	8	118	2	
5	98.5	240	0.41	0.047 25	0.003 40	0.117 79	0.008 18	0.018 57	0.000 37	113	7	119	2	
6	117	235	0.5	0.058 03	0.003 79	0.148 06	0.009 78	0.018 53	0.000 32	140	9	118	2	
7	164	310	0.53	0.054 85	0.003 22	0.136 91	0.007 51	0.018 61	0.000 30	130	7	119	2	
8	87.6	248	0.35	0.054 50	0.006 30	0.131 63	0.014 01	0.017 86	0.000 45	126	13	114	3	
9	139	312	0.45	0.057 39	0.003 77	0.139 61	0.008 30	0.018 30	0.000 33	133	7	117	2	
10	107	210	0.51	0.055 88	0.003 69	0.142 95	0.009 97	0.018 33	0.000 36	136	9	117	2	
11	134	222	0.60	0.060 49	0.003 68	0.148 60	0.008 30	0.018 27	0.000 31	141	7	117	2	
12	127	249	0.51	0.060 48	0.003 73	0.146 60	0.008 45	0.018 26	0.000 33	139	7	117	2	
13	433	840	0.52	0.048 95	0.002 12	0.124 49	0.005 25	0.018 58	0.000 23	119	5	119	1	
14	116	283	0.41	0.057 95	0.003 41	0.143 90	0.008 17	0.018 46	0.000 37	137	7	118	2	
15	133	359	0.37	0.057 73	0.003 66	0.148 54	0.009 51	0.018 60	0.000 32	141	8	119	2	
16	126	301	0.42	0.049 37	0.002 99	0.124 35	0.007 37	0.018 53	0.000 29	119	7	118	2	
17	193	447	0.43	0.049 66	0.002 95	0.124 81	0.006 97	0.018 49	0.000 28	119	6	118	2	
18	101	223	0.45	0.055 69	0.004 73	0.136 61	0.010 37	0.018 61	0.000 44	130	9	119	3	
19	110	261	0.42	0.059 56	0.003 44	0.150 52	0.008 16	0.018 65	0.000 32	142	7	119	2	

续表 5-18

点号	Th/$\times 10^{-6}$	U/$\times 10^{-6}$	Th/U	同位素比值							年龄/Ma					来源
				$^{207}Pb/^{206}Pb$	1σ	$^{207}Pb/^{235}U$	1σ	$^{206}Pb/^{238}U$	1σ	$^{207}Pb/^{235}U$	1σ	$^{206}Pb/^{238}U$	1σ	
流纹岩(TW-43)															
1	126	236	0.53	0.051 31	0.005 23	0.127 33	0.013 85	0.018 68	0.000 48	122	12	119	3	本次工作
2	1772	4484	0.40	0.048 19	0.001 61	0.114 19	0.003 70	0.016 96	0.000 21	110	3	108	1	
3	294	657	0.45	0.051 57	0.003 77	0.137 19	0.009 82	0.019 12	0.000 25	131	9	122	2	
4	133	207	0.64	0.060 34	0.011 05	0.159 04	0.031 63	0.019 25	0.001 02	150	28	123	6	
5	262	692	0.38	0.050 39	0.003 50	0.132 09	0.008 26	0.019 31	0.000 35	126	7	123	2	
6	427	686	0.62	0.049 22	0.003 19	0.129 43	0.008 03	0.019 10	0.000 29	124	7	122	2	
7	614	633	0.97	0.049 31	0.003 43	0.130 48	0.008 84	0.019 14	0.000 30	125	8	122	2	
8	478	578	0.83	0.048 86	0.003 75	0.129 86	0.009 99	0.019 13	0.000 34	124	9	122	2	
9	195	401	0.49	0.052 17	0.004 07	0.136 51	0.010 11	0.019 45	0.000 34	130	9	124	2	
10	328	480	0.68	0.050 36	0.003 58	0.134 18	0.009 44	0.019 61	0.000 37	128	8	125	2	
11	518	1334	0.39	0.047 85	0.002 16	0.127 67	0.005 99	0.019 01	0.000 27	122	5	121	2	
12	1816	3733	0.49	0.047 44	0.002 14	0.108 07	0.005 03	0.016 27	0.000 27	104	5	104	2	
13	681	656	1.04	0.054 15	0.004 67	0.139 46	0.012 08	0.018 58	0.000 38	133	11	119	2	
14	644	900	0.72	0.045 21	0.003 53	0.119 36	0.009 34	0.019 03	0.000 38	114	8	122	2	
15	378	491	0.77	0.050 09	0.003 23	0.131 02	0.008 15	0.018 96	0.000 34	125	7	121	2	
16	653	1251	0.52	0.050 63	0.002 83	0.133 67	0.007 18	0.019 33	0.000 36	127	6	123	2	
17	814	1121	0.73	0.051 63	0.003 44	0.141 74	0.010 26	0.019 59	0.000 35	135	9	125	2	
18	442	1148	0.39	0.046 16	0.002 39	0.120 79	0.006 19	0.018 89	0.000 26	116	6	121	2	
19	111	231	0.48	0.052 83	0.007 61	0.132 47	0.018 32	0.018 57	0.000 72	126	16	119	5	
20	732	713	1.03	0.049 36	0.003 25	0.125 96	0.007 86	0.018 68	0.000 30	120	7	119	2	

续表 5-18

点号	Th/×10⁻⁶	U/×10⁻⁶	Th/U	同位素比值						年龄/Ma				来源
				$^{207}Pb/^{206}Pb$	1σ	$^{207}Pb/^{235}U$	1σ	$^{206}Pb/^{238}U$	1σ	$^{207}Pb/^{235}U$	1σ	$^{206}Pb/^{238}U$	1σ	
火山角砾岩（TW-44）														
1	163	243	0.67	0.047 24	0.006 17	0.112 90	0.014 58	0.017 36	0.000 67	109	13	111	4	本次工作
2	227	613	0.37	0.058 01	0.002 53	0.646 47	0.029 65	0.079 16	0.001 12	506	18	491	7	
3	458	547	0.84	0.049 34	0.004 16	0.124 20	0.009 87	0.018 48	0.000 33	119	9	118	2	
4	446	434	1.03	0.051 63	0.004 46	0.129 05	0.010 80	0.018 39	0.000 33	123	10	117	2	
5	244	390	0.63	0.055 87	0.004 78	0.138 39	0.011 33	0.018 24	0.000 37	132	10	116	2	
6	476	510	0.93	0.050 25	0.003 24	0.128 77	0.008 58	0.018 43	0.000 33	123	8	118	2	
7	157	276	0.57	0.052 94	0.004 32	0.130 93	0.009 98	0.018 55	0.000 51	125	9	118	3	
8	68	126	0.54	0.065 44	0.008 79	0.161 36	0.023 12	0.018 00	0.000 71	152	20	115	4	
9	370	407	0.91	0.084 50	0.006 42	0.215 00	0.015 83	0.018 86	0.000 44	198	13	120	3	
10	108	164	0.66	0.070 89	0.006 75	0.166 74	0.014 71	0.017 76	0.000 58	157	13	113	4	
11	220	248	0.88	0.055 12	0.005 68	0.131 80	0.014 04	0.017 71	0.000 58	126	13	113	4	
12	530	570	0.93	0.048 13	0.004 02	0.120 84	0.009 86	0.018 50	0.000 40	116	9	118	3	
13	124	253	0.49	0.062 67	0.008 95	0.142 05	0.014 97	0.017 98	0.000 55	135	13	115	3	
14	440	516	0.85	0.048 22	0.004 17	0.118 43	0.009 74	0.018 01	0.000 36	114	9	115	2	
15	517	608	0.85	0.047 63	0.003 12	0.120 62	0.007 70	0.018 35	0.000 30	116	7	117	2	
16	126	147	0.86	0.048 97	0.006 89	0.119 14	0.015 40	0.017 93	0.000 54	114	14	115	3	
17	450	636	0.71	0.052 87	0.004 28	0.134 12	0.010 25	0.018 50	0.000 42	128	9	118	3	
18	158	377	0.42	0.046 06	0.006 51	0.117 04	0.016 28	0.018 34	0.000 69	112	15	117	4	
19	247	319	0.77	0.051 39	0.006 86	0.130 92	0.017 06	0.018 29	0.000 64	125	15	117	4	
20	92	162	0.57	0.076 44	0.008 33	0.196 14	0.021 41	0.018 91	0.000 46	182	18	121	3	

(MSWD=1.4)。③第三组为岩浆锆石,可见清晰振荡环带,Th/U 值为 0.77～2.08,U-Pb 年龄为 114～110Ma,加权平均年龄为(113±1.1)Ma(MSWD=2.5)。④第四组为热液锆石,内部呈白色,边部环带状结构,环带部分的锆石 U-Pb 年龄为 114～106Ma,加权平均年龄为(108±4.2)Ma(MSWD=11.2)。

旁开门金银矿床赋矿围岩的单颗粒锆石 U-Pb 年龄测定结果表明,矿区流纹岩的成岩时代为 114～110Ma,加权平均年龄为(113±1.1)Ma;属晚白垩世,成矿发生在(108±4.2)Ma 之后,与中国东北部陆缘晚中生代浅成热液金矿大规模成矿时代相一致(图 5-35)。

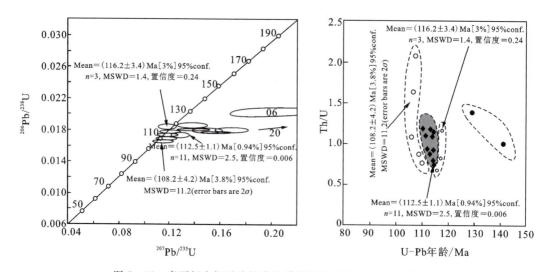

图 5-35 旁开门金银矿流纹岩的单颗粒锆石 U-Pb 年龄谐和图

天望台山金矿床流纹斑岩(TW-41)岩浆锆石 $^{206}Pb/^{238}U$ 年龄平均值为(118±0.9)Ma($n=19$,MSWD=0.29);含火山角砾流纹岩(TW-39)中岩浆锆石 $^{206}Pb/^{238}U$ 年龄平均值为(117±1.1)Ma($n=14$,MSWD=0.34);流纹岩(TW-43)中岩浆锆石 $^{206}Pb/^{238}U$ 年龄平均值为(122±1.0)Ma($n=16$,MSWD=0.75);火山角砾岩(TW-44)中岩浆锆石 $^{206}Pb/^{238}U$ 年龄平均值为(117±1.4)Ma($n=14$,MSWD=0.41)(图 5-36)。综上所述,这些岩石属于白垩系光华组。

四、成矿物质来源

1. 矿质来源

(1)铅同位素特征。古利库金矿床黄铁矿和黝铜矿的铅同位素组成见表 5-19。$^{206}Pb/^{204}Pb$ =18.115 4～20.905 2,$^{207}Pb/^{204}Pb$ 为 15.287～15.647,$^{208}Pb/^{204}Pb$ 为 37.414～38.524,数据波动较大。源区铅同位素特征值 μ 为 8.88～10.25,平均值为 9.37,介于地幔(8.44)与上地壳(14.98)之间,大于大陆地壳平均值(9.0),铅同位素变化不大,在 $^{206}Pb/^{204}Pb$-$^{207}Pb/^{204}Pb$ 图上,分布较集中,位于地幔和下地壳延长线方向(图 5-37a),属异常铅,在 $^{206}Pb/^{204}Pb$-$^{208}Pb/^{204}Pb$ 图上投影点落在上地壳附近(图 5-37b),预示着 Pb 可能主要来自深部岩浆。

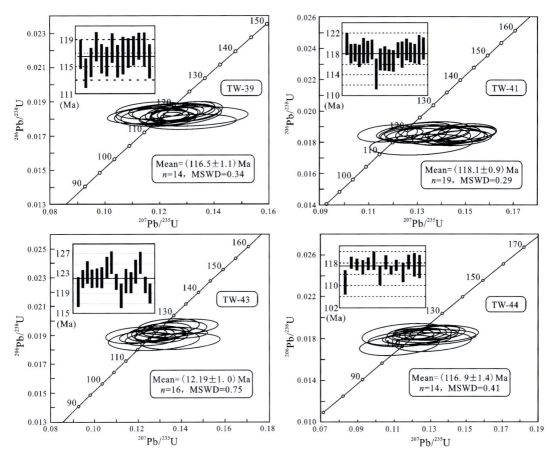

图 5-36 天望台山金矿床不同岩性锆石 U-Pb 年龄谐和图

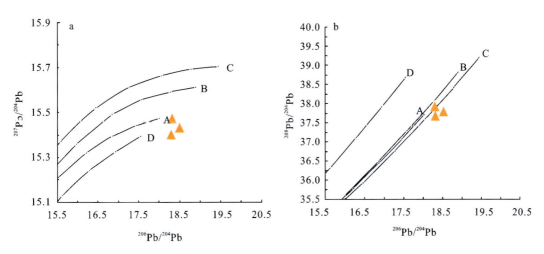

图 5-37 古利库金矿床矿石铅构造模式图(底图据 Zartman and Doe,1981)
A. 地幔;B. 造山带;C. 上地壳;D. 下地壳

表5-19 古利库金矿床矿石铅同位素分析结果统计表

样品编号	样品名称	$^{206}Pb/^{204}Pb$	$^{207}Pb/^{204}Pb$	$^{208}Pb/^{204}Pb$	$^{206}Pb/^{207}Pb$	μ	Th/U	$\Delta\alpha$	$\Delta\beta$	$\Delta\gamma$	来源
D18-TC68-1	硅化-黄铁矿化英安岩矿石	20.9052	15.6188	28.0430	1.3385	10.25	-0.45	204.56	18.59	-251.6	朱群,2004
D184-TC60-1		18.2890	15.4000	37.7040	1.1876	9.09	3.45	53.82	4.33	6.23	
D17-TC65-1		18.4970	15.4280	37.7780	1.1989	9.12	3.39	65.80	6.15	8.20	
D109-TC76-1		18.3099	15.4708	37.8910	1.1835	9.22	3.53	60.66	9.23	14.42	
D8-TC57-1	含碳酸盐冰长石-石英脉矿体	18.1154	15.2870	37.4140	1.1850	8.88	3.39	43.81	-3.04	-1.51	
GLK-53	石英-多金属硫化物阶段	18.5320	15.5870	38.3200	1.1889	9.43	3.62	72.39	16.75	25.27	杨永胜,2017
GLK-70	石英-多金属硫化物阶段	18.5730	15.6470	38.5240	1.1870	9.54	3.70	78.32	20.85	32.74	
GLK-58	石英-黄铁矿阶段	18.6510	15.5600	38.2940	1.1987	9.36	3.55	74.67	14.76	21.97	

注：本次样品由核工业北京地质研究院分析测试研究中心测试。

（2）硫同位素。旁开门金矿与古利库金矿矿石中黄铁矿和黝铜矿单矿物硫同位素分析结果见表5-20。从表中可知，两个矿区黄铁矿和黝铜矿的硫同位素 $\delta^{34}S$ 值介于 $-1.5‰\sim4.6‰$ 之间，平均值为 $2.62‰$，极差 $3.5‰$，变化范围波动较小，硫同位素分馏效应较弱，说明矿石硫来源较为单一，具深源岩浆硫同位素组成特征（图5-38），可能来自于早白垩世中酸性火山岩。

表5-20 全区矿床矿石矿物硫同位素组成表

矿区	矿物名称	$\delta^{34}S/‰$	来源	矿区	矿物名称	$\delta^{34}S/‰$	来源
旁开门	黄铁矿	4.6	徐登科，1987	旁开门	黄铁矿	3.6	徐登科，1987
	黄铁矿	3.9			黄铁矿	3.5	
	黄铁矿	3.9			黄铁矿	1.5	
	黄铁矿	2.9			黄铁矿	3.4	
	黄铁矿	3.5			黄铁矿	2.9	
	黄铁矿	3.9		古利库	黄铁矿	2.4	朱群，2004
	黄铁矿	3.2			黄铁矿	2.0	
	黄铁矿	3.9			黄铁矿	1.4	
	黄铁矿	3.5			黄铁矿	1.6	
	黄铁矿	3.7			黄铁矿	1.3	
	黄铁矿	1.9			黄铁矿	-1.5	杨永胜，2017
	黄铁矿	3.7			黄铁矿	-0.1	
	黄铁矿	1.8			黝铜矿	2.0	
	黄铁矿	3.3			黝铜矿	2.5	
	黄铁矿	2.0					

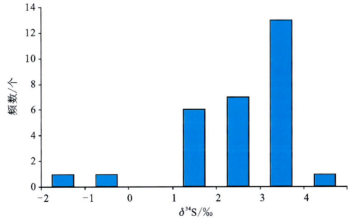

图5-38 矿石硫同位素分布直方图

2. 成矿流体来源

从 3 个矿区与成矿有关的脉石矿物氢氧同位素分析结果(表 5-21)可以看出，旁开门矿区石英中的氧同位素可划分为两组，一组 $\delta^{18}O$ 为 5‰～9‰，为正常的初生水，即地幔岩浆水的特征；另一组 $\delta^{18}O$ 为 0.89‰～5‰，具地下热水特征。

表 5-21 全区矿床石英氢氧同位素组成表

矿区	成矿阶段	矿物	V-SMOW δD_{H_2O}/‰	V-PDB $\delta^{18}O_{SiO_2}$/‰	V-SMOW $\delta^{18}O_{SiO_2}$/‰	V-SMOW $\delta^{18}O_{H_2O}$/‰	温度/℃	来源
旁开门		石英			0.24			徐登科，1987
		石英			2.31			
		石英			1.74			
		石英			0.74			
		石英			2.05			
		石英			5.51			
		石英			−0.89			
		石英			9.03			
		石英			7.91			
		方解石		−31.85	−2.31			
		方解石		−30.92	−1.41			
		方解石		−20.09	9.80			
天望台山	Ⅱ阶段	石英	−165.30	−31.90	−2.00	−10.70	255	本次工作
		石英	−169.30	−32.40	−2.50	−11.20	255	
		石英	−185.80	−30.80	−0.90	−9.60	255	
		石英	−161.80	−30.30	−0.40	−9.10	255	
古利库	Ⅰ阶段	石英	−107.90		7.50	0.24	290	杨永胜，2017
	Ⅱ阶段	石英	−106.40		7.70	−0.57	265	
	Ⅲ阶段	石英	−103.50		8.10	−0.85	250	
	Ⅳ阶段	石英	−76.00		0.70	−8.99	235	朱群，2004
		石英	−93.00		1.90	−7.54	240	
		石英	−94.00		0.40	−7.66	270	

天望台山矿区第Ⅱ阶段成矿流体 $\delta D_{V\text{-SMOW}}$ 范围在 −185.8‰～−161.8‰，$\delta^{18}O_{V\text{-SMOW}}$ 范围在 −11.2‰～−9.1‰，都明显低于岩浆水和变质水的氢氧同位素值，尤其是 $\delta D_{V\text{-SMOW}}$，远

低于该地区中侏罗世—早白垩世大气降水的 δD(−130‰~−100‰)(张理刚,1985),具有高纬度地区大气降水 δD 的特点。

古利库矿区早期和主要成矿阶段石英样品 δD 介于−107.9‰~−76‰之间,$\delta^{18}O$ 介于 0.4‰~8.1‰之间,石英与水平衡时的 $\delta^{18}O$ 值介于−8.99‰~0.24‰之间。

在氢氧同位素图上,天望台山和古利库两个矿床样品成矿流体氢氧同位素投点均落入岩浆水左下方,与大气降水线之间(图 5-39)。显示出大气降水为主的特征。

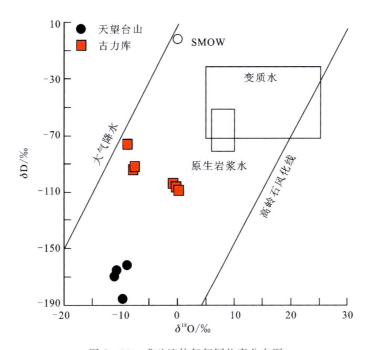

图 5-39 成矿流体氢氧同位素分布图

五、成矿作用

1. 流体包裹体岩相学特征

3 个矿区流体包裹体岩相学特征详见表 5-22。从表中可知,3 个矿区流体包裹体岩相学特征非常相似,均以富液气液两相为主,包裹体直径较小,一般为几微米,形态大多为不规则形、椭圆形和负晶形。

2. 成矿流体热力学特征

3 个矿区流体包裹体热力学特征详见表 5-23。从表中可知,3 个矿区流体包裹体热力学特征非常相似,表现为成矿流体为中低温、中低盐度和低压(图 5-40)。其中,天望台山金矿和古利库金矿从成矿早期到晚期温度逐渐降低,盐度和密度变化不大。而旁开门金银矿由于数据有限,无法看出流体变化规律。

表 5-22 研究区代表性矿床流体包裹体岩相学特征一览表

矿区	成矿阶段	包裹体类型	形态	直径/μm	气液比/%	分布特征	资料来源
旁开门	Ⅱ阶段	L+V型为主	不规则形、椭圆形、长条形	主要7~8	15~20，少量30	多呈群体或随机状	李向文，2012
天望台山	Ⅰ阶段	L+V型为主	不规则形、椭圆形、长条形	主要4~8	30~45，集中于30~35	多呈群体，次之为孤立	本次研究
天望台山	Ⅱ阶段	L+V型为主	不规则形、椭圆形、长条形	主要4~12	5~40，集中于25~40	多呈群体，次之为孤立	本次研究
天望台山	Ⅲ阶段	L+V型为主	不规则形、椭圆形、长条形、近圆形	主要6~12	10~70，集中于20~35	多呈群体，次之为孤立	本次研究
天望台山	Ⅳ阶段	L+V型为主	不规则形、椭圆形、长条形、板形	主要8~12	5~50，集中于30~35	孤立状、群状	本次研究
古利库	早期无石英阶段（Ⅰ）	L型为主，V型次之	不规则形、条形、四边形	主要1~16	10~80，20~35，	多呈群体	杨永胜，2017；李春诚，2016
古利库	石英-黄铁矿阶段（Ⅱ）	V(L)型为主	多为不规则形、见卡脖子包裹体	2~20	15~40，20~35居多	多呈群体	杨永胜，2017；李春诚，2016
古利库	石英-多金属硫化物阶段（Ⅳ）	L+V型为主，见V型	不规则形、椭圆形、长条形	集中于5~16	5~70，L型为10~40	多呈群体，L型呈孤立产出	杨永胜，2017；李春诚，2016
古利库	石英-碳酸盐阶段（Ⅴ）	L+V型为主	椭圆形、长条形、不规则形	4~20	10~30	多呈孤立分布	杨永胜，2017；李春诚，2016

第五章 燕山期与中酸性岩浆活动有关的铜、钼、金、银矿成矿系列

表 5-23 研究区代表性矿床成矿流体热力学特征一览表

矿区	成矿阶段	均一温度 Th/℃ 区间	均一温度 Th/℃ 集中范围	峰值	冰点 Tm/℃	流体盐度 w/% NaCleqv	流体密度 /g·cm^{-3}	成矿压力 /MPa	成矿深度 /km	气相成分	资料来源
旁开门	Ⅱ阶段	268.8~331.6	270~330	303		8.76~13.11	0.79~0.87			还原参数远小于1	李向文,2012
天望台山	Ⅰ阶段	220~315	280~300	305		0.71~1.91	0.68~0.85	24.8~113.8			本次研究
天望台山	Ⅱ阶段	220~316	280~301	220~250		0.88~2.74	0.61~0.94	5.5~66.2			本次研究
天望台山	Ⅲ阶段	140~280	180~200	200~230		0.88~2.57	0.78~0.91	<66.2			本次研究
天望台山	Ⅳ阶段	155~340	200~320	200~320		0.53~1.63	0.69~0.92	11.1~51.9			本次研究
古利库	早期无石英阶段（Ⅰ）	270~367	280~300	290		2.73~5.86	0.63~0.81	25.54	0.851	主要为H$_2$O峰，未见其他组分	杨永胜,2017;李春诚,2016
古利库	石英-黄铁矿阶段（Ⅲ）	256~304	260~280	265		1.40~5.41	0.76~0.82	21.29	0.71		
古利库	石英-多金属硫化物阶段（Ⅳ）	179~318	240~260	250		1.40~8.00	0.76~0.92	20.38	0.679		
古利库	石英-碳酸盐阶段（Ⅴ）	136~279	160~200	190		2.07~4.34	0.81~0.96	15.58	0.519		

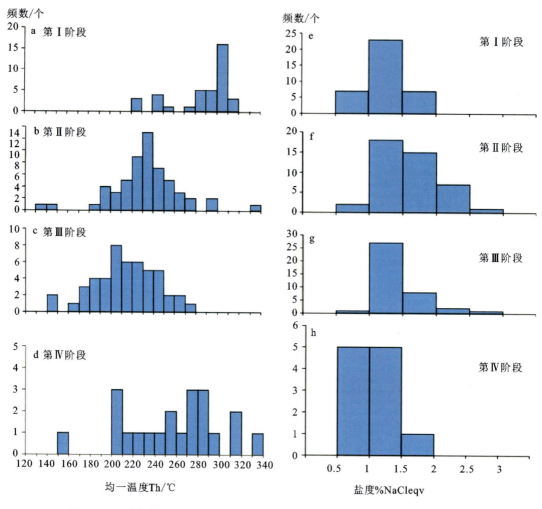

图 5-40 天望台山金矿流体包裹体均一温度直方图(a-d)及盐度直方图(e-h)

六、成矿亚系列的成矿模式

研究区位于蒙古-兴安巨型复合造山带北东段,属于古亚洲洋成矿域和环太平洋成矿域的复合地带。区内先后经历了西伯利亚板块和中朝古板块的碰撞、增生、褶皱和隆起与古太平洋板块俯冲等多期构造-岩浆演化。中生代末期晚侏罗世,大范围的岩浆活动导致地壳加厚,早白垩世期间,地壳运动由挤压加厚转换为伸展减薄,加厚的岩石圈地幔拆沉减薄造成中国东北部大规模火山活动,北兴安地块被大量的火山碎屑岩覆盖,出现了巨厚的火山碎屑岩地层,区内形成了北东向大杨树火山断陷盆地古利库火山穹隆和天望台山火山机构。火山活动的中晚期,大量的大气降水在区域性深大断裂的导通下向深部渗漏,流体温度升高。同时,少量深部岩浆流体的加入,形成一种富硫的近中性流体,流体在循环过程中,其中的 $H_2S(aq)$ 与火山岩中 Au 元素结合形成 $Au(HS)_2(aq)$,形成了具有低温、低压、低盐度的成矿流体。这种成矿流体汇聚到深大断裂并沿断裂向上运移,当这种成矿流体运移到构造角砾岩带(旁开门)和火山机构的环状、放射状断裂(天望台山、古利库)以及不同岩性接触带(古利库)等部位,由于空间的增大,导致压力骤减,成矿流体产生沸腾,沸腾期间的去气(如 H_2S、H_2Te、Te_2)作用促进金和贱金属硫化物的沉淀,同时围岩发生硅化、绢云母化、绿泥石化、绿帘石化和碳酸盐化等多种典型的低温蚀变,形成区内浅成低温热液型金矿床。成矿模式可以用图 5-41 来表示。

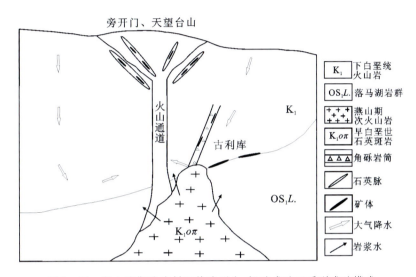

图 5-41 燕山晚期浅成低温热液型金、银矿成矿亚系列成矿模式

第六章　区域成矿系列(统)的时空结构与大型矿床定位规律

第一节　区域成矿地质条件

一、地层与成矿的关系

大兴安岭北部地区已发现的矿床(点)所赋存的围岩以中生代燕山期火山岩地层为主，其次为古生代的裂陷盆地型火山-沉积岩系。本次重点研究的5个典型矿床中出露的地层分别为：下—中奥陶统铜山组和多宝山组(多宝山矿床)、下奥陶统—下志留统大网子岩组(岔路口矿床)、上石炭统—下二叠统宝力高庙组(大黑山矿床)、上石炭统新伊根河组和下白垩统白音高老组(塔源二支线矿床)、白垩系光华组(岔路口矿床和天望台山矿床)。铜山组和多宝山组地层中Cu、Mo丰度较高，绢云母化、黄铁矿化普遍发育，是区域铜钼矿床的赋矿围岩，可能为成矿提供了部分物质来源。岔路口矿区的光华组流纹岩地层的锆石U-Pb测年结果表明，大网子岩组锆石U-Pb年龄480.3～430.5Ma，明显早于钼成矿时代，而光华组流纹岩的形成时代[(135.1±1.2)Ma]晚于成矿时代[(146.96±0.79)Ma]，因此光华组地层是继成矿岩体(花岗斑岩)侵入之后才喷出地表的，与成矿无成因联系。而大黑山矿区的宝力高庙组地层形成于晚石炭世—早二叠世，与成矿岩体(花岗闪长岩，晚侏罗世)非同一地质时期的产物。对于矿区及外围宝力高庙组地层中的Mo、Cu含量尚无确切数据，但在本区1∶5万水系沉积物测量中，共圈出约16km^{2}的Mo异常和约17km^{2}的Cu异常，在一定程度上反映出本区地层中的Mo、Cu含量可能整体较高，有为成矿提供物质来源的可能。然而在大黑山矿区范围内，除部分地层发育角岩化以外，未见广泛的蚀变发育，表明热液活动的规模和强度有限，不能从地层中萃取大量的成矿物质，因此宝力高庙组地层可能只作为背景岩石，未提供相当规模的矿质。

根据本次研究中Sr-Nd-Pb-Hf同位素分析结果，本区与成矿有关的岩浆岩的源区主要为中元古界—新元古界的地壳物质。而区域地质研究结果表明，大兴安岭北段见有中—新元古界兴华渡口岩群出露，其中兴华岩组($Pt_{2-3}xh.$)为斜长角闪岩、变粒岩、片岩、石英岩、大理岩、变质表壳岩-片麻岩组合，原岩属钙碱性的基性—中酸性火山岩建造，兴安桥岩组($Pt_{2-3}xa.$)为片岩、石英岩、大理岩、变质表壳岩-片麻岩组合，原岩属含中酸性火山岩的含碳陆源碎屑岩-碳酸盐岩的复理石沉积建造，兴华渡口岩群中赋存石墨和铁矿，Au、Ag元素丰度很高，是区域成矿的矿源层。下奥陶统—下志留统倭勒根岩群为一套浅变质岩系，下部为陆源碎屑岩,上部主要为基性火山岩,自下而上划分为吉祥沟岩组、大网子岩组,分布于呼玛县倭勒根河流域及新林区大乌苏河流域。其中吉祥沟岩组的元素分析结果表明,该地层中的 Mo、Cu、Pb、Zn 和 Ag 元素丰度较高,可能为本区的钼、铜、铅、锌和银矿床的形成提供了有利条件。额尔古纳地块北部的中—新元古界兴华渡口岩群具有较高的 Au 元素地球化学背景,可能为本区众多金矿床的形成奠定了基础。

本区晚侏罗世—早白垩世火山岩具有较高的 Ag、Pb、Zn 等元素含量,其中塔木兰沟组中基性火山岩中产有得耳布尔铅锌银矿床、四五牧场金(铜)矿床和马大尔金矿等。光华组酸性火山岩和次火山岩中产有额仁银(锰)矿床。可见,大兴安岭北部中生代火山岩可能为银、铅、锌和金矿床的形成提供了部分矿质。

二、构造与成矿的关系

研究区有色、贵金属成矿作用主要受断裂构造和岩浆作用形成的侵入穹隆构造与火山机构控制,而褶皱构造对矿产的控制作用不明显。断裂构造和岩浆构造对本区金属矿床的控制主要表现在以下两个方面。

1. 断裂构造对成矿的控制

1)北东—北北东向断裂

得尔布干和额尔古纳河等区内重要的北东—北北东向深大断裂和大型断裂,是本区主要的控岩、控矿构造。这些北东向深大断裂切割深度可达上地幔(沿断裂有玄武岩分布可佐证),为岩浆运移储存创造了十分有利的条件。断裂活动的多期性,为不同期次岩浆侵入、喷溢提供了良好的空间条件。

北东—北北东向的兴华-塔源断裂带控制了区内海西期侵入岩的分布。燕山期侵入岩及火山岩的展布方向与北东向深大断裂相吻合,形成区内引人注目的构造岩浆活动带,沿深断裂及平行的次级北东向断裂形成火山地堑、断陷盆地。得尔布干地区的岩浆活动、沉积作用明显受北东向构造带控制。伴随岩浆侵入和火山活动,形成了众多与其有关的银、铅、锌、金、铜、钼、铁、锰、明矾石、沸石、珍珠岩、玛瑙等内生矿产。所发现的矿床大部分沿北东向深大断裂带分布,构成北东向金属成矿带。北东向断裂是区内重要的导岩和导矿构造,同时也是部分矿床的容矿构造。本次研究中的塔源二支线铅锌铜矿床即位于北东向的塔哈河断裂南侧。

2)北西向断裂

北西向断裂以张性和张扭性为主,是区内主要的容矿构造。得耳布尔铅锌矿、甲乌拉铅锌银矿、查干布拉根银铅锌矿、额仁银矿、下吉宝沟金矿等主矿体皆为北西向。岔路口钼矿床的产出受北西向的大杨气-塔源-塔河深断裂带控制,而大黑山钼矿床受北西向的多布库尔河断裂控制。

由于大兴安岭北段北东向断裂和北西向断裂均具有"等间距"排列的特点,加之它们分别为主要的导岩、导矿和容矿构造,这就形成了区内有色、贵金属矿床具有"北东成带、北西成行"的特点。

2. 侵入穹隆构造和火山机构对成矿的控制

强烈的构造-岩浆活动形成了众多的环形构造,包括侵入穹隆构造和火山机构。这些环状构造多与本区成矿作用关系密切。

研究区主要有砂宝斯穹隆构造、门都里穹隆构造和富克山穹隆构造。穹隆构造的形成多受几组断裂交会部位控制,如砂宝斯穹隆构造形成于北东向乌玛河断裂和北西向上黑龙江盆地南缘断裂(西林吉-塔河断裂)的交会部位。一些大型的侵入穹隆构造常控制了多个矿床的分布,如在砂宝斯穹隆构造的边缘形成了砂宝斯金矿、老沟金矿和三十二站金矿点等。

与有色、贵金属成矿关系密切的火山机构有毛河火山机构、莫尔道嘎火山机构、页索库火山机构、马大尔火山机构、奥拉奇火山机构、大头卡河火山机构、1001高地火山机构、1029高地火山机构、天望台山火山机构、后勒山火山机构、干部河火山机构、柯多蒂河火山机构、雄关火山机构、瓦拉里火山机构和旁开门火山机构等。本次研究的岔路口钼矿床位于1029高地火山机构的西侧,天望台山金矿床位于天望台山火山机构的北部。火山机构及火山-次火山复合构造往往在矿区、矿床内控制着矿体的赋存空间和产状,如乌努格吐山铜钼矿床、二道河子铅锌银矿床、甲乌拉铅锌银矿床、查干布拉根铅锌银矿床和得耳布尔铅锌银矿床皆具有这种现象。

对于斑岩型矿床而言,岩浆侵入过程中形成的原生破裂构造、角砾岩筒和接触破碎带构造常常直接控制着矿体的产出。如多宝山和小柯勒河斑岩型铜钼矿床、岔路口钼矿床和大黑山钼(铜)矿床的矿体均主要产于岩体顶部及其与围岩的接触带之中。为探讨岩浆岩中的裂隙构造随深度的变化规律及其与矿化品位的关系,本次研究对岔路口矿区1114钻孔的各类脉体进行了详细统计。根据钼矿化品位以及脉体数量统计结果,得到其对应关系如图6-1所示。从图中可见辉钼矿品位与脉体密集率有一定的正相关关系:在300m以浅,脉体发育甚少,Mo品位也相应极低,多小于0.02%;在地层与岩体过渡的地段(800~1000m),脉体密集度相对较大,矿化品位相应较高。

三、岩浆岩与成矿的关系

区内频繁的构造运动伴随着强烈的岩浆活动,形成了种类多样、分布广泛的岩浆岩,且火山岩和侵入岩均较发育。

根据构造岩浆旋回、岩石组合(系列)、侵入岩与围岩接触关系和同位素定年数据,区内岩浆活动可划分为晋宁期、兴凯-萨拉伊尔期、加里东期、海西期、印支期和燕山期6期。晋宁期侵入岩主要呈大的岩基状产出,广泛分布于额尔古纳隆起和北兴安地块中。加里东期岩浆活动主要出现在多宝山一带。基性—超基性岩体主要属海西期,而且多沿块体拼合构造带发育,相当一部分被解释为构造侵位的小型蛇绿岩残片。燕山期以大规模的中酸性岩浆侵入为特征,与同时代的陆相火山岩构成了同源、同时、异相的火山-侵入杂岩。

在大兴安岭北段尚未发现与晋宁期侵入岩有关的矿产,而加里东期的多宝山组海相火山-沉积建造被认为是多宝山斑岩型铜钼矿床的围岩及矿源层,其成矿母岩(花岗闪长岩)的

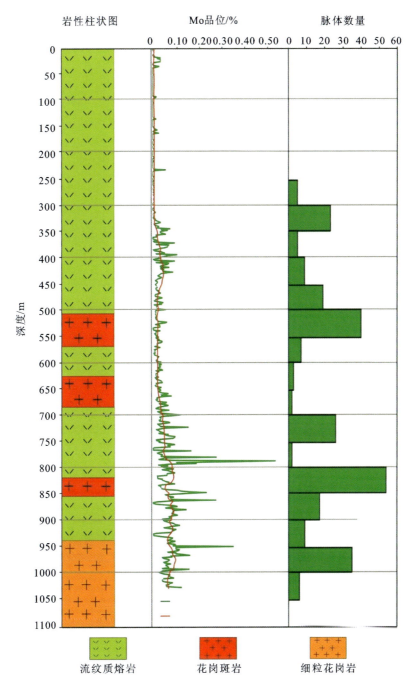

图 6-1 岔路口钼矿 1114 钻孔 Mo 品位与脉体密集度的对应关系

注：Mo 品位图中绿线表示单样品分析结果，红线是经过移动平均法作出来的趋势线，周期取 25。

形成时代也为加里东期[(479.5±4.6)Ma, 崔根等，2008]。根据区域内岩浆岩和已发现的矿床的分布情况，可知与成矿关系最密切的是海西期和燕山期岩浆活动。本次研究的塔源二支线铅锌铜矿床的形成与海西期岩浆活动(340~300Ma)有关；而岔路口和大黑山钼矿床均与燕山期岩浆活动有关,且成矿时代均为147Ma左右,小柯勒河铜钼矿床的成矿时代为148Ma(冯雨周等,2020),表明该时代的岩浆活动与斑岩型钼矿床的形成关系密切。岔路口、大黑山和塔源二支线矿床硫化物的S、Pb同位素分析结果均显示出岩浆来源的特征,表明岩浆活动不仅为成矿提供了热源,同时也提供了主要的成矿物质。天望台山金矿床光华组火山岩形成于$(121.9±1.0)\sim(116.5±1.1)$Ma,金矿床形成与火山喷发晚期阶段(116Ma左右)火山热液活动有关,属浅成低温热液型矿床。

四、岩浆岩的岩石类型、构造环境

根据本次研究中岩浆岩的地球化学分析结果,可以将各矿区的岩浆岩划分为3个系列:钾玄岩系列(岔路口矿区的正长斑岩和早期花岗斑岩)、高钾钙碱性系列(岔路口矿区的黑云母二长花岗岩和石英二长斑岩、大黑山矿区的花岗闪长岩和细粒花岗岩、塔源二支线矿区的细粒闪长岩和花岗闪长斑岩)和钙碱性系列(大黑山矿区的斑状花岗岩、塔源二支线矿区的杏仁状玄武质安山岩和中粗粒闪长岩)。

根据各侵入岩类型的A/NK-A/CNK图解,岔路口、大黑山和塔源二支线矿区的所有侵入岩均为准铝质或过铝质。除了大黑山矿区南部的细粒花岗岩显示出较明显的过铝质特征,塔源二支线矿区的细粒闪长岩和中粗粒闪长岩显示出明显的偏铝质特征以外,其余样品投点均落入准铝质区域和过铝质区域的分界线附近。

由Rb-Y+Nb和Nb-Y构造判别图解可以看出,除岔路口矿区的早期花岗斑岩投点落入同碰撞花岗岩区域外,其他所有侵入岩均落于火山弧花岗岩区域(图6-2)。结合区域地质演化历史及各类侵入岩的成岩年龄,可知岔路口矿区的早期花岗斑岩[$(464.9±2.8)$Ma]和塔源二支线矿区的岩浆岩($321.9\sim316.5$Ma)形成于古亚洲洋闭合阶段,前者可能与古亚洲洋中微陆块的拼贴有关,后者则与大洋板块的俯冲消减有关;而岔路口矿区和大黑山矿区的其他各类侵入岩($163.0\sim135.3$Ma)则形成于中生代西太平洋板块俯冲的大背景。

本区分布最广的、与成矿最密切的岩浆岩主要为燕山期岩浆岩。已有的研究表明,大兴安岭北部地区中生代火山岩的形成时代集中在早白垩世,只有少量形成于晚侏罗世。本次工作对岔路口矿区和天望台山矿区的火山岩地层进行了地球化学和年代学研究,研究表明二者均属于白垩系光华组。岔路口矿区的流纹岩形成较早[$(135.1±1.2)$Ma],天望台山矿区的含火山角砾流纹岩[$(116.5±1.1)$Ma]、流纹斑岩[$(118.1±0.9)$Ma]、流纹岩[$(121.9±1.0)$Ma]和火山角砾岩[$(116.9±1.4)$Ma]等形成稍晚。燕山期大规模的中酸性侵入岩与同时代的陆相火山岩系构成了同源、同时、异相的火山-侵入杂岩。

对于大兴安岭中生代岩浆岩形成的动力学背景总体上有以下3种观点:

(1)第一种观点认为大兴安岭中生代岩浆岩与地幔柱活动或相关的板内作用有关。林强等(1998,1999)根据大兴安岭及其邻区火山岩的分布特征认为,东北亚地区晚古生代—晚中生代火山岩呈环状分布,构成热向斜,推断在古亚洲构造域闭合以及欧亚大陆形成过程中,古亚洲域冷板块向地幔深部潜入而引发的热地幔柱上升是中生代火山岩形成的重要控制因素。然而中生代岩浆作用的时空分布特征不支持地幔柱模式,例如年代学研究表明大兴安岭及其邻区并不存在环状火山岩带。

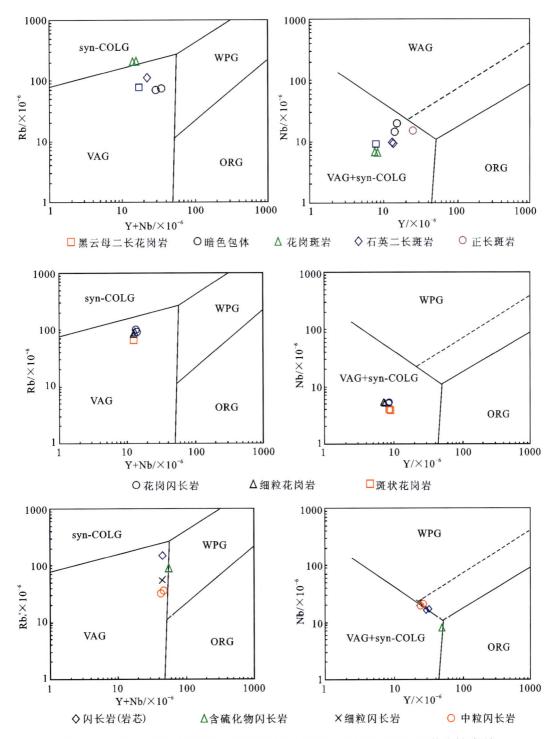

图 6-2 岔路口、大黑山和塔源二支线矿区侵入岩 Rb-Y+Nb 和 Nb-Y 构造判别图解
Syn-COLG.同碰撞花岗岩；VAG.火山弧花岗岩；WPG.板内花岗岩；ORG.洋脊花岗岩

并且大兴安岭地区中生代火山岩具有较大的时代范围(185～105Ma),而与地幔柱作用有关的岩浆作用通常持续时间较短。同时中国东部中生代岩浆作用呈带状沿大陆边缘分布,这一点使得用地幔柱作用模式很难解释。

(2)第二种观点认为大兴安岭中生代岩浆岩形成于蒙古-鄂霍次克洋闭合作用以及闭合后的造山带伸展作用过程中,尽管区内晚侏罗世岩浆岩可能受到该缝合事件的影响,但是地球物理和年代学研究结果并不支持这一观点。地球物理资料表明洋壳是向北俯冲到西伯利亚板块之下的,但是同时代的岩浆岩同样分布在蒙古和俄罗斯东部地区。年代学研究表明,蒙古-鄂霍次克缝合带的最终缝合时间不小于170Ma,因而如果大兴安岭中生代岩浆岩与其相关,则岩浆岩的展布方向应该与之相一致,然而大兴安岭中生代岩浆岩明显呈北北东向展布,此外考虑到中国东部中生代岩浆作用的时空分布特征,与该缝合带的展布方向明显不同。因而蒙古-鄂霍次克洋闭合作用以及闭合后的伸展作用很难解释大兴安岭地区北北东向分布火成岩带。

(3)第三种观点则认为古太平洋板块的俯冲作用是大兴安岭乃至整个中国东部中生代岩浆作用的根本原因。主要证据包括以下几个方面:①中国东部中生代岩浆岩呈北北东向分布,平行于大陆边缘,年代学研究表明,这些岩浆岩在时代上具有自东向西逐渐年轻的趋势;②地球物理资料表明,中国东部存在一个明显但是横向上不均一的地震波速异常带,并且其西部边界与大兴安岭-太行山重力异常带相吻合,反映了冷的高密度物质,通常被认为是俯冲板片或拆沉进入软流圈地幔的下地壳物质;③亚洲大陆东部边缘发育的侏罗纪—白垩纪拼贴增生杂岩为古太平洋板块的俯冲作用提供了证据。新近的研究表明佳木斯地块上分布的黑龙江群具有拼贴增生杂岩的性质,而其形成时代为190Ma左右,表明早侏罗世期间古太平洋板块已经俯冲拼贴到亚洲大陆边缘。以上证据表明大兴安岭中生代岩浆岩可能为古太平洋板块俯冲作用及后继作用过程的产物。而较老的岩石可能也受到蒙古-鄂霍次克洋或黑河-贺根山缝合事件的影响。

近年来的研究表明,在中生代期间,中国东部经历了大规模的岩石圈减薄事件,导致大约100km岩石圈地幔的丢失,但是对岩石圈减薄的空间范围、垂向幅度、减薄时间、机制和地球动力学控制因素等方面仍存在分歧。由于岩石圈的减薄必然造成软流圈物质向上运移加热地壳从而形成大规模中酸性岩浆,因而吴福元等(1999,2000),Wu等(2005)认为中国东部中生代大规模岩浆作用是岩石圈减薄作用的浅部表现,结合火成岩年代学特征,认为早白垩世火成岩对应于岩石圈减薄的高峰时期;在这期间,由于岩石圈减薄,甚至出现软流圈与地壳直接接触的现象,从而导致大规模中酸性岩石的形成;减薄事件受到古太平洋板块俯冲作用及后继作用过程的控制,而且岩石圈减薄事件并非局限在华北板块内部。

综上所述,大兴安岭中生代岩浆岩形成主要是与古太平洋板块的俯冲作用及相应的岩石圈减薄事件相关,它们是中国东部中生代大火成事件的组成部分。根据本次研究中火山岩的Hf同位素分析结果,岔路口矿区流纹岩的$\varepsilon_{Hf}(t)$值为5.1～5.8,对应的地壳模式年龄为769～731Ma;天望台山矿区不同类型的火山岩的$\varepsilon_{Hf}(t)$值变化于3.5～8.0之间,对应的地壳模式年龄(T_{DM2})为846～594Ma,二者十分一致。这表明它们的源区可能为新元古代晚期的结晶基底,结合区域内地层的时代,进一步推测它们的源区可能为大网子岩组。因此受古太平洋板块的俯冲及岩石圈减薄的影响,大兴安岭地区地壳基底物质发生部分熔融,从而形成了本区广泛分布的中生代岩浆岩。

第二节 区域成矿动力学与成矿系统演化模式

一、区域成矿动力学背景

大兴安岭地区先后经历了古亚洲洋演化、蒙古-鄂霍茨克洋的演化、太平洋板块俯冲以及新生代深断裂等多期构造-岩浆作用,使得本区成为中国东北部寻找内生有色金属和贵金属矿床的重要地区之一。

大兴安岭早期的大地构造格架和构造单元布局主要是在古亚洲洋演化期间形成的。古亚洲洋是古生代期间发育于西伯利亚地台和华北地台之间的一个复杂的多岛洋,以大规模的岛弧体系发育和陆缘增生为特征(任纪舜等,1999)。可大致看成南、北两大陆块边缘相向增生的同时,华北陆块相对向北漂移;而两陆块之间的多岛洋体制中,众多大陆亲缘性微块体和不断生长发育的岛弧体系相互汇聚拼贴(陆-陆、弧-陆、弧-弧),从而带来了同时发育多边界缝合并相互转换改造的复杂情形,结果形成了目前所见的以软碰撞造山为特征,多边界汇聚-缝合的宽阔造山带。由于受向南凸出的蒙古弧的影响(李述靖等,1988),大兴安岭各构造单元和主构造线的方位从南往北由近东西向,转为北东东向、北东向,直至最北部的得尔布干构造带转为北北东向。其中二连-贺根山构造带为大兴安岭地区古亚洲洋演化到最后的主缝合构造带,时间大致在二叠纪。其南以西拉沐沦断裂为界分为华北地台北(外)缘东西向的早古生代增生造山带和大兴安岭南段北东向晚古生代增生造山带;二连-贺根山构造带以北则是西伯利亚地台向南的增生带,包括大兴安岭北段的北东向晚古生代增生造山带以及得尔布干断裂带北西侧额尔古纳河流域的兴凯期(新元古代)增生造山带。

古生代末期,古亚洲洋闭合,兴蒙造山带南段西伯利亚与华北板块碰撞拼合基本形成了统一的亚洲大陆,但其北侧仍存在有蒙古-鄂霍茨克洋,大兴安岭北段仍主要受到蒙古-鄂霍次克洋的影响。蒙古-鄂霍次克洋发育于三叠纪并最后闭合于侏罗纪,标志着古亚洲洋与古太平洋两个动力学体制的转换承接。以往认为蒙古-鄂霍次克洋的封闭与陆陆碰撞发生在早侏罗世,主要依据为俄罗斯后贝加尔地区下侏罗统厚度巨大(7000m)的海相、滨海相碎屑沉积岩系(阎鸿铨等,2001)。阎鸿铨等(2001)对额尔古纳与邻近俄罗斯后贝加尔地区的古生代地层进行对比,说明我国境内与俄罗斯境内的中生代地层差异主要体现在我国的额尔古纳地区缺乏早侏罗世海相沉积,中—晚侏罗世和早白垩世的地层组合基本类似,可以较好地对应蒙古-鄂霍茨克洋的封闭与陆陆碰撞。200Ma之后,主要碰撞活动已经结束。

此后欧亚大陆的东缘开始进入滨西太平洋边缘活动阶段。这一构造阶段最显著的特征是燕山期北北东向断裂构造的强烈发育,导致一系列北东—北北东向的火山岩带和隆起以及共生强烈的中酸性火山-岩浆侵入活动和成矿作用。

二、区域成岩成矿年代及成矿系统与成矿系列演化

大兴安岭北段-小兴安岭地区斑岩型铜、钼、金矿床的成矿作用具有多旋回性、继承性和新生性。通过本次研究和收集的成矿年代学数据,它们大部分通过辉钼矿 Re-Os 以及成矿母岩的锆石 LA-ICP-MS U-Pb 定年方法获得,个别年龄数据通过全岩 K-Ar 和 Rb-Sr 等时线方法获得,总体上可以反映区域矿床的成矿时代及其演化的规律性。

斑岩型铜矿的主成矿时代为 510~470Ma,其次为约 180Ma 和 150~130Ma。前者代表性矿床为多宝山铜矿和铜山铜矿,后二者以乌奴格吐山铜钼矿、小柯勒河铜钼矿为代表。多宝山矿床和铜山矿床中成矿母岩花岗闪长岩的锆石 U-Pb 年龄为(479.5±4.6)Ma(崔根等,2008);(478.1±4.1)Ma(向安平等,2012);(480.4±2.8)Ma(本书)。近年来不同的研究者对其辉钼矿 Re-Os 年龄进行了重新测定,限定多宝山矿床的成矿时代应介于 485~475Ma[(475.1±5.1)Ma;482~486Ma;(475.9±7.9)Ma],与本书获得的结果基本吻合(481~473Ma)。李诺等(2007)获得乌奴格吐山铜钼矿的辉钼矿 Re-Os 等时线年龄为(178±10)Ma,与谭钢等(2010)获得的 Re-Os 等时线年龄[(177.4±2.4)Ma]基本一致,代表了乌奴格吐山铜钼矿的成矿年龄。小柯勒河斑岩型铜(钼)矿花岗斑岩的锆石 U-Pb 年龄为(150.0±1.6)Ma 显示其成岩时代为晚侏罗世(冯雨周,2020)。

斑岩型钼矿有两个主成矿期:约 180Ma 和 150~130Ma。前者以鹿鸣钼矿、霍吉河钼矿、太平川铜钼矿、翠岭钼矿为代表,后者以岔路口钼多金属矿、大黑山钼矿、太平沟钼矿、兴阿钼铜矿等矿床为代表。本次研究获得鹿鸣矿床赋矿的二长花岗岩的锆石 U-Pb 年龄为(180.7±1.6)Ma,辉钼矿 Re-Os 等时线年龄为(177.9±2.6)Ma,二者吻合较好且与前人研究结果基本一致,表明鹿鸣矿床的成矿年龄为约 180Ma。陈静等(2012)获得霍吉河钼矿赋矿的花岗闪长岩的锆石 U-Pb 年龄为(184.0±1.5)Ma,略早于谭红艳等(2013)得到的辉钼矿 Re-Os 年龄[(176.3±5.1)Ma],表明该矿床的成矿年龄约为 180Ma。张苏江(2009)和杨言辰等(2012)获得小兴安岭地区的翠岭钼矿同样形成于约 178Ma。本次研究得到岔路口矿床的辉钼矿 Re-Os 等时线年龄为(144.7±2.6)Ma,与前人研究的结果基本一致[(146.96±0.79)Ma;(148±1)Ma]。岔路口矿床是近年来发现的特大型钼矿床,区内尚有多个大、中型钼矿床的成矿年龄与其一致,如大黑山钼矿、萨赫塔明铜钼矿、兴阿钼铜矿、洛古河钨锡钼矿等,表明研究区在 150~130Ma 发生了重要的钼成矿事件。

此外,本次年代学研究结果表明,塔源二支线铅锌铜矿区晚古生代(321.9~316.5Ma)的中酸性侵入岩,均为古亚洲洋演化期间形成的。岔路口矿区光华组的石英二长斑岩和流纹岩地层(约 135Ma)以及天望台山矿区的火山岩地层(122~116Ma),天望台山金矿成矿晚于围岩,区域上团结沟金矿、东安金矿、四五牧场金(铜)矿、额仁陶勒盖银(锰)矿、旁开门金银矿等浅成低温热液型金、银矿床成矿年龄为 117~105Ma,表明它们形成于滨西太平洋活动阶段。

综上所述,大兴安岭北段铜、钼、金矿床的成矿作用具有多旋回性、继承性和新生性。加里东期以铜成矿作用为主,晚海西期以铁、铅、锌成矿作用为主,燕山早期(约 180Ma)过渡为钼、铜成矿作用,其中钼的成矿作用占主要地位;燕山中期(150~130Ma)钼成矿作用大爆

发,铜的成矿作用相对较弱;燕山晚期(约120Ma)为金、银成矿的爆发期。

综合前人研究及本次研究结果,以构造-岩浆-成矿作用为主线,将大兴安岭北段从早到晚划分为三大成矿系统:早古生代与岩浆活动有关的热液成矿系统、晚古生代与海底火山热液及岩浆活动有关的成矿系统、燕山期与中酸性岩浆活动有关的成矿系统。其中晚古生代和燕山期为本区的主要成矿期,晚古生代与海底火山热液及岩浆活动有关的成矿系统又可以进一步划分为晚古生代与中酸性岩浆活动有关的成矿亚系统和二叠纪与火山-沉积作用有关的海底热液成矿亚系统;而燕山期与中酸性岩浆活动有关的成矿系统也可以划分为燕山早期与岩浆侵入活动有关的成矿亚系统、燕山中期与岩浆侵入活动有关的成矿亚系统和燕山晚期与火山热液有关的成矿亚系统。分别形成了颇具特色的矿床成矿系列(亚系列),各成矿系统特征见表6-1。结合区域地质演化动力学背景及主要成矿系统的产出位置,构建大兴安岭北段的成矿系统演化模式如图6-3所示。

表6-1 大兴安岭北段主要金属成矿系统

成矿系统	成矿亚系统	构造环境	容矿围岩	矿床系列与亚系列	典型矿床
早古生代与岩浆活动有关的热液成矿系统		岛弧、陆缘	花岗闪长岩、安山岩	斑岩铜(钼)矿床系列	多宝山铜矿床、铜山铜矿床、小多宝山铜(钼)矿床
晚古生代与海底火山热液及岩浆活动有关的成矿系统	晚古生代与中酸性岩浆活动有关的成矿亚系统	陆缘弧	闪长岩、花岗闪长斑岩、火山-沉积岩	矽卡岩-斑岩型铅、锌、铜、铁矿床亚系列	塔源二支线铅锌铜矿床、梨子山铁多金属矿床
	二叠纪与火山-沉积作用有关的海底热液成矿亚系统	边缘海盆地	火山-沉积岩	火山-沉积型铁(锌)、铜矿床亚系列	六一牧场硫铁矿床、谢尔塔拉铁锌矿床、三根河铜矿床
燕山期与中酸性岩浆活动有关的成矿系统	燕山早期与岩浆侵入活动有关的成矿亚系统	大陆内部构造-岩浆岩带	花岗闪长岩、二长花岗岩	矽卡岩-斑岩-脉型钼、铜、铁、铅、锌矿床亚系列	乌奴格吐山铜钼矿床、翠宏山铁多金属矿床、乌河钨矿床、滨南林场钼矿床、争光金矿床
	燕山中期与岩浆侵入活动有关的成矿亚系统	大陆内部构造-岩浆岩带	花岗斑岩、花岗闪长岩	斑岩-脉型钼、铜、铅、锌矿床亚系列	岔路口钼矿床、大黑山钼(铜)矿床、小柯勒河铜钼矿床
	燕山晚期与火山热液有关的成矿亚系统	火山盆地	火山岩	浅成低温热液型金、银矿床亚系列	四五牧场金(铜)矿床、天望台山金矿床、旁开门金银矿床、额仁陶勒盖银矿床

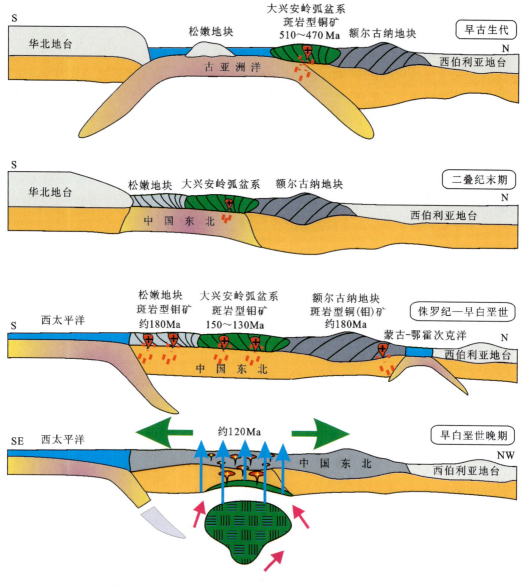

图6-3 大兴安岭北段成矿动力学背景及成矿系统演化模式
(据胡新露,2015简化修改)

第三节 区域成矿系列的空间结构及大型矿床的定位规律

由于多成矿域的叠加、复合和转换,大兴安岭地区的成矿地质条件优越,成矿期次多、强度大,矿床类型也复杂多样,形成了颇具特色的矿床成矿系列(图6-4)。探讨区域矿床成矿系列的空间结构,对揭示区域矿床分布规律、大型矿床定位规律和明确找矿方向具有重要的意义。

第六章 区域成矿系列(统)的时空结构与大型矿床定位规律

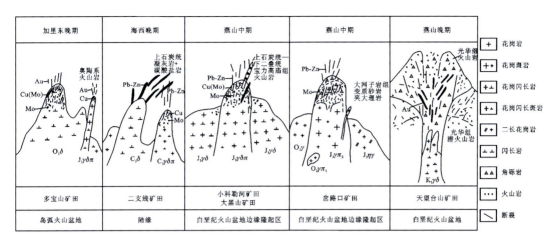

图 6-4 区域成矿系列结构模式

一、古生代与岩浆活动有关的热液成矿系列的空间分布规律

古生代与岩浆活动有关的成矿系列在空间上与大兴安岭北段北东向的晚古生代增生造山带一致,位于二连-贺根山构造带北西盘、得尔布干断裂带的南东盘,向北延入俄罗斯远东并被蒙古-鄂霍次克构造带所截,而向西南则进入蒙古国与其南戈壁成矿省相接。区内古生代岩块及岩浆岩总体呈北东向分布,为古亚洲洋闭合期间形成;本区内古生代,尤其是晚古生代具埃达克质岩石特征的中酸性岩浆活动相当强烈,闪长岩、花岗闪长岩、花岗岩及花岗斑岩极为发育,具有形成古生代大型斑岩型矿床的条件。

(1)早古生代(加里东期)斑岩型铜(钼)、金矿床系列主要产于古老隆起带中,形成于古生代岛弧或陆缘环境,环绕花岗闪长岩、花岗闪长斑岩体形成铜多金属矿床,主体具有斑岩型矿化蚀变特征,成矿元素以 Cu 为主,伴有 Mo 和 Au。局部见有矽卡岩型铜(钼)矿体,边缘常有热液脉状金矿体或矿化体产出。典型矿床为多宝山铜矿床、铜山铜矿床、小多宝山铜(钼)矿床。

(2)晚古生代火山-沉积型铁(锌)、铜矿床亚系列分布在北东向的古生代隆起带中,为研究区主攻矿床系列之一。该亚系列形成于晚古生代火山坳陷带内,赋矿地层为石炭系海相火山-沉积岩系,由细碧角斑岩、粉砂岩、页岩、碳酸盐岩、安山质火山岩、安山质凝灰角砾岩和英安质凝灰角砾熔岩组成,近矿岩浆岩为海西期石英斑岩。矿床主体形成于海底火山喷发阶段,矿体多赋存于火山岩中,为火山热液块状硫化物(VHMS)型矿床,但有些矿床(谢尔塔拉)后期又经历了热液成矿期改造。典型矿床(点)有谢尔塔拉铁锌矿床、红旗沟铁锌矿床、六一牧场含铜硫铁矿矿床和六一铜矿床。

(3)晚古生代矽卡岩-斑岩型铅、锌、铜、铁矿床亚系列分布在北东向的古生代隆起带中。赋矿围岩地层从元古界、下古生界到上古生界均有,岩性为火山岩、火山碎屑岩和大理岩等。与成矿有关的岩浆岩主要为海西期陆缘弧花岗岩类侵入体。矿体产于闪长岩、花岗闪长岩、花岗岩等侵入岩与地层接触带的矽卡岩化带中,外围产出有热液脉型铅、锌矿。此外,还见有燕山期与花岗闪长斑岩有关的铜、钼矿化的叠加。典型矿床有塔源二支线铅锌铜矿床、梨子山铁（钼）多金属矿床、神山铁（铜、金）矿床、下护林铅锌（银）矿床和龙岭金-铜多金属矿床。

二、燕山期与岩浆侵入活动有关的成矿系列的空间分布规律

该成矿系列的形成，与西太平洋板块的俯冲有关。受大陆内部构造-岩浆岩带控制，总体呈北北东向分布。近年来在该成矿带发现了大量的有色金属和贵金属矿床，表明该带具有良好的成矿潜力。该成矿系列与中生代岩浆活动有关，主要的矿床类型有斑岩型铜钼矿、矽卡岩型铁锌矿、热液脉状铅锌矿、浅成低温热液型金银矿床，它们主要产于北北东向火山岩带及其边缘带中。在古生代隆起带与中生代火山岩带的交切部位，更有利于斑岩型（矽卡岩型）、浅成低温热液型矿床的产出，如本次研究中的岔路口钼矿床和天望台山金矿床均产于古老隆起带与中生代火山岩盆地的过渡部位。

（1）燕山早期矽卡岩-斑岩-脉型钼、铜、铁、铅、锌矿床亚系列在研究区内发育较少，其主要分布在小兴安岭基底隆起区（或断隆区）构造-岩浆岩带上，成矿岩体为花岗闪长斑岩、二长花岗（斑）岩、花岗斑岩，典型矿床有乌奴格吐山铜钼矿床、鹿鸣钼矿床、翠宏山铁多金属矿床、乌河钨矿床。通常花岗闪长斑岩、二长花岗斑岩侵位于硅铝质围岩中，形成斑岩型铜钼矿、乌奴格吐山铜钼矿、鹿鸣钼矿。细粒二长花岗岩、花岗岩与碳酸盐岩多期次侵入接触带上形成矽卡岩-斑岩复合型铁、锌、钼、钨多金属矿床，如翠宏山铁多金属矿床。此外，在斑岩型钼（铜）矿床和矽卡岩-斑岩复合型矿床外围常有热液脉型铅、锌、银矿床（点）产出。

（2）燕山中期斑岩-脉型钼、铜、铅、锌矿床亚系列分布在陆内燕山中期构造-岩浆岩带上，成矿受复背斜、基底隆起带（或断隆带）上的多组断裂交会部位控制，成矿岩体为花岗斑岩、花岗闪长斑岩。矿床均表现为斑岩型矿化蚀变特征，一般由内向外发育钾化带→石英-绢云母化带→青磐岩化带。典型矿床有岔路口钼矿床、大黑山钼矿床、八大关铜钼矿床和八八一铜钼矿床及二十一站铜（金）矿床、小柯勒河铜钼矿床等。

（3）燕山晚期浅成低温热液型金、银矿床亚系列主要分布于北北东向火山岩带次级的近东西向火山盆地中。大兴安岭北部存在低硫化型浅成低温热液型金、银矿床和高硫化型浅成低温热液型金（铜）矿床。前者分布在中—上侏罗统塔木兰沟组中基性火山岩和下白垩统光华组酸性火山岩盆地中，金、银矿主要受控于塔木兰沟期和光华期构造复杂化的火山机构，如四五牧场金（铜）矿床、天望台山金矿床、旁开门金银矿床、额仁陶勒盖银矿床。值得特别说明的是，研究区内该类矿床发现较少，但在该矿带南西延伸部分的蒙古国南戈壁发现有察干苏布尔加和欧玉陶勒盖大型—特大型斑岩-浅成低温热液型铜金钼矿床。额仁陶勒盖银矿床及邻区典型的古利库金（银）矿床都表现出具有构造塌陷、间断沉积、隐爆震碎、岩浆侵入和多期气液充填等多种火山作用特征，矿床近矿围岩蚀变以冰长石-绢云母化和硅化为特征。后者亦产于中生代火山盆地内，围岩蚀变类型和矿化分带特征都与典型高硫化型浅成低温热液矿床十分接近，即具有"上金（银）下铜"的矿化分带，蚀变分带自上而下依次为：硅化带（硅帽）→石英→迪开石化带→石英-明矾石化带→绢英岩化带。金赋存于硅化带中，而铜、银则主要见于石英-明矾石化带内。

三、成矿的共生性、分带性、集约性与重叠性

通过成矿系列空间结构分析可以看出,区内成矿系列内及不同成矿系列之间具有共生性、分带性、集约性与重叠性的特征。

(1) 共生性:同一成矿系列内不同类型矿床(体)、矿种间的共生。常见环绕花岗闪长斑岩或花岗斑岩内外的斑岩型、矽卡岩型、热液脉状矿床(体)相伴产出。如多宝山-铜山矿田(铜、钼)、翠宏山铁多金属矿床(铁、锌、钨、钼)。

(2) 分带性:不同矿种、矿床类型在空间的有序分布。区内斑岩型铜钼矿床有相似的矿化蚀变分带特征,一般由斑岩体内向外发育钾化带→石英-绢云母化带→青磐岩化带,相应呈现钼矿化→铜矿化→铅、锌(金)矿化带,如多宝山铜矿、小柯勒河铜(钼)矿、岔路口钼矿、大黑山钼(铜)矿等。

(3) 集约性:成矿系列中各矿床间的排列紧密程度高,较小空间汇集巨量多矿种矿石。如区内燕山中期斑岩-热液脉型钼、铜、铅、锌等矿床亚系列集中发育在新林—大黑山一带,形成岔路口超大型钼矿、小柯勒河大型铜(钼)矿、大黑山钼(铜)矿和铅锌矿点。

(4) 重叠性:不同成矿系列或矿床类型在同一空间的重叠交叉关系,它们是不同时期成矿系统叠加的产物。塔源二支线铅锌铜矿床见有海西期与闪长岩有关的矽卡岩型铅锌矿被晚期与花岗闪长斑岩有关的铜钼矿化叠加。

四、大型矿床定位规律

1. 构造圈闭与浅剥蚀区是大型矿床有利的产出部位

通过区域成矿系列的时空结构和成矿集约性研究发现,区内大型和超大型矿床主要为斑岩型铜钼矿床,主要形成于加里东晚期和燕山中期,分布在古生代隆起带与中生代火山岩盆地的过渡带上。该部位是有利的构造圈闭环境,利于成矿物质的聚集和大规模成矿作用的发生,形成大型、超大型矿床。此外,多宝山、小柯勒河、大黑山等大型铜、铜钼、钼(铜)矿床和岔路口超大型钼矿床的矿化蚀变分带均保存得较完整,一般由斑岩体内向外发育钾化带→石英-绢云母化带→青磐岩化带,相应呈现钼矿化→铜矿化→铅、锌(金)矿化带等,表明成矿后浅剥蚀区较浅,使其得以较完整地保存。

2. 大型矿床多产出在多期次岩浆活动中心区

区内大型和超大型矿床产出在岩浆活动中心部位,表现为矿床中可见多期次岩浆活动,如岔路口超大型钼矿床中,先后有中奥陶世花岗斑岩侵位→中—晚侏罗世(约163Ma)黑云母二长花岗岩侵位→晚侏罗世(约147Ma)含矿花岗斑岩侵入→早白垩世(约135Ma)石英二长斑岩和闪长玢岩等岩脉侵入。多宝山大型铜矿床亦有多期次的岩浆侵入活动,形成了花岗闪长岩、花岗闪长斑岩、斜长花岗岩及少量的闪长玢岩脉,暗示成矿部位处于与深部岩浆房长期沟通部位,并有明显的分异作用,也表明多期次岩浆活动中心是大型矿床产出的必要条件。

3. 小岩体成大矿并具有一定的成矿专属性

研究表明,研究区成矿岩体主要是较晚侵入的小斑岩体,一般出露面积小于 $1km^2$,且具有一定的成矿专属性。花岗闪长岩、花岗闪长斑岩类常形成铜、铜钼、钼（铜）矿,如多宝山铜矿床、小柯勒河铜钼矿床、大黑山钼（铜）矿床等。花岗斑岩、二长花岗斑岩是钼矿的成矿岩体,如岔路口超大型钼矿床、小兴安岭鹿鸣大型钼矿床等。

第四节 找矿方向探讨

大兴安岭北段,成矿地质背景优越,该区已发现有超大型钼矿,大中型铜（钼）、金、铅、锌等矿床,还存在有众多的未取得重大找矿突破的 Ag、Pb、Zn、Au、Cu 和 Mo 元素地球化学块体及区域地球化学异常。此外,与该区毗邻的俄罗斯、蒙古地区分布有众多的大型—超大型金、铜、铅、锌等矿床,暗示本区有良好的找矿前景。通过对区域成矿系列时空结构和大型矿床定位规律研究,结合成矿系列缺位找矿分析,本书重点探讨区内及邻区斑岩型铜矿床和斑岩型钼矿床的找矿方向。

一、斑岩型铜矿床的找矿方向

大兴安岭北段早古生代斑岩型-脉型铜（钼）、金等矿床系列,晚古生代矽卡岩-脉型铅、锌、铁等矿床亚系列,燕山早期斑岩-矽卡岩-脉型钼、铜、铁、铅、锌等矿床亚系列,燕山中期斑岩-脉型钼、铜、铅、锌等矿床亚系列,主要受古亚洲洋构造体系、蒙古-鄂霍次克洋构造体系和滨太平洋构造体系控制。其中,斑岩型铜矿床规模较大,是主要的找矿对象。

研究区内早期已发现的斑岩型铜矿床集中产在多宝山一带,成矿时代主要为 510~470Ma,除了多宝山和铜山两个矿床以外,尚未发现其他早古生代的斑岩型铜矿床。本次通过区域成矿系列时间结构分析发现,研究区内斑岩型铜矿床存在时间缺位和类型缺位的现象,晚古生代和燕山期也具有斑岩型铜矿床找矿潜力。

研究区内已发现晚古生代矽卡岩-脉型铅、锌、铁等矿床,尚未发现规模型的斑岩型铜矿床。然而在研究区西侧的蒙古国南部,发育有欧玉陶勒盖大型铜金矿,其形成时代为 373~370Ma(张新元等,2010),也与古亚洲洋的演化有关,表明晚古生代的岩浆岩也具有斑岩型铜矿床的成矿潜力。

燕山早期斑岩-矽卡岩-脉型钼、铜、铁、铅、锌等矿床亚系列在研究区有显示,但未发现大型斑岩型铜矿床产出。而相邻的额尔古纳地块已发现有乌奴格吐山、八一一、八大关、二十一站和太平川等斑岩型铜（钼）矿床,且这些矿床的成矿时代均接近于 180Ma,表明蒙古-鄂霍次克洋的闭合期间,在额尔古纳区域内发生了一定规模的岩浆活动和斑岩型铜（钼）矿床的成矿作用。传统上认为额尔古纳地块西部的花岗岩主要形成于元古代—古生代,东部的花岗岩形成于古生代(黑龙江省地矿局,2013),但 Wu 等(2011)对额尔古纳地块花岗岩年龄的统计结果表明,该地块中的花岗岩类主要形成于早—中侏罗世,而区内已发现的斑岩型铜（钼）矿床也多与该时期的花岗岩类有关。蒙古-鄂霍次克洋闭合期的构造-岩浆-成矿作用也波及本区，区内有燕山早期斑岩型铜矿床的找矿潜力。

此外，燕山中期斑岩-脉型钼、铜、铅、锌等矿床亚系列在本区发育强度较大，以发育超大型钼矿为特色。近年来，小柯勒河大型铜钼矿床的找矿突破，显示出区内燕山中期斑岩型铜矿床也具有良好的找矿前景。

综上所述，大兴安岭北段仍具有斑岩型铜矿床的找矿潜力。不仅要重视寻找早古生代斑岩型铜（钼）矿床，也要重视晚古生代、燕山早期和燕山中期斑岩型铜（钼）矿床的寻找，以寻求找矿新突破。在找矿工作中，应主要部署在火山盆地外围古生界隆起区，多期次岩浆活动中心地带，花岗闪长斑岩及中酸性脉岩发育地段，有钾化、石英-绢云母化及青磐岩化发育，有 Cu、Mo、Pb、Zn、Au 元素组合异常等。

二、斑岩型钼矿床的找矿方向

研究区燕山早期斑岩-矽卡岩-脉型钼、铜、铁、铅、锌等矿床亚系列，燕山中期斑岩-脉型钼、铜、铅、锌等矿床亚系列形成主要受滨西太平洋构造体系控制，与中生代西太平洋板块向欧亚大陆的俯冲有关。其中，斑岩型铜矿床规模大，是主要的找矿对象。已发现的斑岩型钼矿床主要分布于北兴安地块及小兴安岭地区，前者成矿时代主要为 150~130Ma，后者主要形成于约 180Ma。

大兴安岭北段-小兴安岭地区分布有巨大面积的显生宙花岗岩类，其中尤以中生代花岗岩最为发育，特别是侏罗纪—早白垩世的花岗岩。它们主要呈岩基或岩株状产出，与同时代的火山岩一起构成近北北东向的火山岩-侵入岩带。大部分花岗岩为 I 型和 A 型，S 型花岗岩发育较少，其地球化学性质从过铝质、准铝质变化到过碱质。

北兴安地块的斑岩型钼矿床集中在其东段，以岔路口钼矿、兴阿钼矿和多布库尔钼矿等为代表。小兴安岭地区的斑岩型钼矿床集中在铁力—逊克一带，以鹿鸣钼矿、翠岭钼矿和霍吉河钼矿等为代表。这些地区同时也是侏罗纪—早白垩世侵入岩出露较多的区域。根据已发现的斑岩型钼矿床的分布和相关侵入岩的分布情况，北兴安地块的兴隆-韩家园子地区、小兴安岭的铁力地区和逊克地区是斑岩型钼矿床的有利成矿区。

斑岩型钼矿床找矿工作应主要部署在火山盆地外围古生界隆起区的构造-岩浆岩带上，多期次岩浆侵入中心区，花岗斑岩、二长花岗斑岩及中酸性脉岩发育地段，有钾化、石英-绢云母化及青磐岩化发育，有 Mo、W、Cu、Pb、Zn、Ag 元素组合异常，地表可见有铅锌矿脉或矿点等。

由于研究区森林覆盖严重、整体勘查工作程度仍相对较低，对该区成矿规律和找矿前景的总结还只是阶段性的认识。随着找矿勘查工作的深入，区内有望发现更多大型的斑岩型铜、钼矿床，近年来不断取得的找矿突破就是很好的印证。

第七章　主要成果和认识

通过对大兴安岭北段岔路口斑岩型钼矿床、大黑山斑岩型钼（铜）矿床、塔源二支线矽卡岩型铅锌铜矿床、多宝山斑岩型铜矿床和天望台山金矿床5个典型矿床的系统研究以及小柯勒河铜钼矿床、古利库金矿床和旁开门金银矿床等矿床资料的综合分析，深化了对区域成矿规律的认识，取得了下列主要新成果和新认识。

1. 分析了区内主要金属矿床产出特征，构建了区域成矿系列

根据区内矿床形成的时代和主要成矿作用的不同，把区内金属矿床（点）划分为早古生代（加里东期）斑岩型铜（钼）、铅、锌、银多金属成矿系列，晚古生代铅、锌、铜、钼、金矿成矿系列和燕山期与中酸性岩浆活动有关的钼、铜、金矿成矿系列3个成矿系列。其中，晚古生代铅、锌、铜、钼、金矿成矿系列又可以进一步划分为晚古生代与中酸性岩浆活动有关的铅、锌、铜、钼矿成矿亚系列和二叠纪与火山-沉积作用有关的成矿亚系列。燕山期与中酸性岩浆活动有关的钼、铜、金矿为主的成矿系列也可以划分出以斑岩型钼、铜矿为主的成矿亚系列和浅成低温热液型金、银矿成矿亚系列。

2. 系统研究了区内主要成矿系列的成矿地质条件和典型矿床地质特征、分析和测定了成矿地质体岩石地球化学特征与形成年代、探讨了成矿物质来源、构建了成矿模式

（1）加里东期斑岩-矽卡岩型铜（钼）矿成矿系列形成于古亚洲洋演化时期的大兴安岭弧盆系多宝山岛弧区内。典型矿床主要有多宝山铜矿床、铜山铜矿床，二者均为典型的斑岩型矿床，具有斑岩型矿床的矿石和围岩蚀变特征。其中，多宝山铜矿矿体主要赋存于花岗闪长岩及附近的火山岩中，成矿岩体为花岗闪长斑岩，铜山铜矿成矿岩体为深部隐伏的花岗闪长岩。花岗闪长斑岩的岩石地球化学分析结果显示，岩浆岩为高钾钙碱性系列准铝质—过铝质岩石，侵位于(478.9±3.6)Ma。成矿流体早期主要为岩浆水，晚期有大气降水掺入，成矿流体总体表现为中高温、中低盐度，并且成矿温度从早到晚有逐渐降低的趋势，矿质主要来自岩浆。该成矿系列的形成过程为：在早古生代，古亚洲洋向南、北双向俯冲，在兴安地块南缘和松嫩地块北缘形成陆缘弧，强烈的火山-岩浆活动为成矿提供了丰富的热能和成矿物质。在兴安地块和松嫩地块发生聚合期间，产生富含挥发分和金属物质的岩浆，当岩浆底侵至地壳浅部（约3km）并经历进一步的结晶分异作用，岩浆中的水与各类卤化物携带铜（钼）等成矿物质从岩浆中分离出来形成独立流体相，随着流体的迁移、冷却，并与大气降水混合，在花岗闪长岩体内部及围岩的断裂裂隙构造中，形成了相应的蚀变和铜（钼）矿化。

（2）晚古生代矽卡岩-斑岩型铅、锌、铜、铁矿成矿亚系列发育于兴蒙造山带东段，额尔古纳地块与大兴安岭弧盆系交接部位的兴华-塔源断裂带内，主要矿床为塔源二支线铅锌铜矿床,该矿床矿体产于晚石炭世闪长岩与上石炭统新伊根河组接触带,为典型的矽卡岩型铅锌铜矿床。浅部铅锌矿体主要产于接触带和不同岩性界面,矿体形成与闪长岩有关,深部发育的细脉状铜、钼矿化,主要产于稍晚侵入的花岗闪长斑岩接触带附近,具斑岩型矿化特征。与成矿有关的两种岩体均属高钾钙碱性准铝质—过铝质岩石,侵位于 321~318Ma 之间。铅锌矿成矿流体为岩浆水与大气降水的混合流体,总体为中温、中低盐度、中低密度,并且从早到晚均一温度、盐度和密度都呈现逐渐降低的趋势。大兴安岭地区构造发展到晚古生代(340~300Ma),随着松嫩地块与兴安地块碰撞拼合,兴蒙造山带发生增生,在晚石炭世晚期由挤压向伸展阶段转换过程中形成的钙碱性—高钾钙碱性岩浆沿着矿区北部塔哈河断裂上侵,大概在 322Ma 中性岩浆侵位,并在矿区深部及外围形成中细粒闪长岩,同时析出富含 Cu、Pb、Zn 等成矿元素的含矿热液,这些含矿热液沿着断裂、层间裂隙、不同岩性界面等通道向上运移,形成矽卡岩型铅锌矿体。318Ma 左右,花岗闪长斑岩形成,岩浆冷凝析出含 Cu、Mo 等成矿元素的含矿热液,形成深部见到的斑岩型铜矿化。

(3)燕山中期斑岩-脉型钼、铜、铅锌矿成矿亚系列主要发育于晚侏罗世—早白垩世火山作用形成的一系列北东走向的火山-沉积断陷盆地,代表性矿床有岔路口钼矿床、大黑山钼(铜)矿床、小柯勒河铜钼矿床,均为典型的斑岩型矿床。其中,岔路口钼矿床与小柯勒河铜钼矿床的成矿岩体为花岗斑岩,大黑山钼(铜)矿床的成矿岩体为花岗闪长岩。花岗斑岩属钾玄岩系列的过铝质—准铝质岩石,形成于 150~149Ma,花岗闪长岩为高钾钙碱性系列过铝质岩石,形成于约 146Ma。成矿流体为高温、中高盐度的混入大气降水的岩浆水,矿质主要来源于岩浆。该成矿系列的形成过程大致为:在燕山早期(150~146Ma),该区处于蒙古-鄂霍茨克构造体系向滨太平洋构造体系转换部位,形成的北东—北北东向断裂系统叠加于早期形成的断裂之上,同源不同期的中酸性岩浆沿着构造交会处向上侵位,略早侵位的花岗斑岩形成了大型岔路口钼矿床和小柯勒河铜钼矿床,略晚侵位的花岗闪长岩形成大黑山中型钼(铜)矿床。

(4)燕山晚期浅成低温热液型金、银矿成矿亚系列发育于多宝山岛弧和呼玛弧后盆地内,主要矿床有天望台山金矿、旁开门金银矿、古利库金矿等浅成低温热液金银矿床,矿床产于火山沉积盆地或盆地周边环境。与金、银成矿有关的火山-次火山岩属于亚碱性系列过铝质岩石,同属同源岩浆演化不同阶段的产物,主要形成于 122~108Ma。3 个矿区流体包裹体热力学特征非常相似,均为中低温、中低盐度和低压流体。并且天望台山金矿和古利库金矿从成矿早期到晚期温度逐渐降低,盐度和密度变化不大。成矿流体主要为大气降水,矿质主要来自火山岩。由此认为燕山晚期,火山活动的中晚期,大量的大气降水在区域性深大断裂的导通下向深部渗漏,流体温度升高。同时,少量深部岩浆流体的加入,形成一种富硫的近中性流体,流体在循环过程中,其中 $H_2S(aq)$ 与火山岩中 Au 元素结合形成 $Au(HS)_2(aq)$,形成了低温、低压、低盐度的成矿流体。这种成矿流体汇聚到深大断裂并沿断裂向上运移,当这种成矿流体运移到构造角砾岩带(旁开门)和火山机构的环状、放射状断裂(天望台山、古利库)以及不同岩性接触带(古利库)等部位,由于空间的增大,导致压力骤减,成矿流体沸腾,沸腾期间的去气(如 H_2S、H_2Te、Te_2)作用促进金和贱金属硫化物的沉淀,同时围岩发生硅化、绢云母化、绿泥石化、绿帘石化和碳酸盐化等多种典型的低温蚀变,形成区内浅成低温热液型金、银矿床。

3. 总结了区域成矿条件,探讨了区域成矿动力学背景及成矿系列(统)演化模式和时空结构

区内有色金属、贵金属矿床的形成是受地层、构造和岩浆岩共同控制的,其中,作为本区与成矿有关的岩浆岩源区的中—新元古界的兴华渡口岩群和下寒武统倭勒根岩群吉祥沟岩组中Mo、Cu、Pb、Zn、Au、Ag等元素含量较高,为区域钼、铜、铅、锌矿床的形成奠定了物质基础;而广布于大兴安岭北部的晚侏罗世—早白垩世火山岩也为区内浅成低温热液型金、银矿床的形成提供了成矿物质。其次,区内有色、贵金属矿床的形成主要受断裂构造和岩浆作用形成的侵入穹隆构造及火山机构的控制。其中,北东—北北东向断裂规模大,切割深,是主要的控岩控矿断裂,控制了印支期—燕山期岩浆岩的产出和银、铅、锌、金、铜、钼、铁等矿床的分布。而北西向断裂以张性和张扭性为主,是主要的容矿构造。区内两组断裂的"等间距"排列以及控矿作用的不同,形成了区内有色、贵金属矿床具有"北东成带、北西成行"的特点。而火山机构及火山-次火山复合构造大多直接控制了形态产状和规模。再次,区内岩浆活动频繁,可划分为晋宁、兴凯-萨拉伊尔期、加里东期、海西期、印支期和燕山期6期,但成矿主要集中在加里东期、海西期和燕山期。成矿岩体主要为高钾钙碱性系列准铝质或过铝质岩石,具有火山弧岩石特征,形成于古太平洋板块的俯冲环境。

大兴安岭地区铜、钼、金等矿床的形成是古亚洲洋演化、蒙古-鄂霍茨克洋演化和太平洋板块俯冲以及新生代深断裂等多期构造-岩浆作用的结果,区内有色、贵金属的成矿作用具有多旋回性、继承性和新生性。其中,加里东期以铜成矿作用为主,晚海西期以铁、铅、锌成矿作用为主,燕山早期(约180Ma)过渡为钼、铜成矿作用,其中钼的成矿作用占主要地位;燕山中期(150~130Ma)钼成矿作用大爆发,铜的成矿作用相对较弱;燕山晚期(约120Ma)为金、银成矿的爆发期。

在空间上,区内矿床空间产出也具有明显规律,表现在古生代与岩浆活动有关成矿系列空间上与大兴安岭北段北东向的晚古生代增生造山带一致,呈北东向展布,形成于古亚洲洋闭合期间;而燕山期与岩浆侵入活动有关的由斑岩型铜、钼矿,矽卡岩型铁、锌矿,热液脉状铅、锌矿,浅成低温热液型金、银矿等组成的成矿系列由北北东向的大陆内部构造-岩浆岩带控制,矿床的形成与西太平洋板块的俯冲有关。成矿系列内及不同成矿系列之间具有明显的共生性、分带性、集约性与重叠性的特征。

4. 总结了区内大型矿床定位规律,指出了进一步的找矿方向

系统研究表明,古生代隆起带与中生代火山岩盆地的过渡带是成矿物质聚集和大规模成矿作用发生的有利场所,而成矿后的浅剥蚀区有利于矿床较完整地保存;区内岔路口超大型钼矿床和多宝山大型铜矿床的成矿斑岩体均具有多期次活动的特征,并且矿床均产于岩浆活动中心区。因此,区内岩浆活动中心区也是大型—超大型矿床产出的有利部位;区内铜、铜钼、钼(铜)矿床的形成一般都与小的斑岩体有关,具有明显的"小岩体成大矿"的规律,而花岗斑岩、二长花岗斑岩常是钼矿的成矿岩体,表现出明显的岩浆岩成矿专属性特征。

大兴安岭北段，成矿地质条件优越，并且已发现有超大型钼矿、大中型铜（钼）以及金、铅、锌等矿床，考虑到区内存在成矿有利的 Ag、Pb、Zn、Au、Cu 和 Mo 等地球化学块体及区域地球化学异常，结合近年来取得的重大找矿突破认为，本区仍具有良好的找矿前景，主攻矿床类型为斑岩型铜、钼矿床。找矿工作主要部署在火山盆地外围古生界隆起区的构造-岩浆岩带上，多期次岩浆活动中心地带，有分带特征的斑岩型矿床蚀变类型以及 Cu、Mo、Pb、Zn、Au 元素组合异常区域，有花岗（闪长）斑岩、二长花岗斑岩及中酸性脉岩发育地段。对于斑岩型铜矿床既要重视寻找早古生代斑岩型铜（钼）矿床，也要重视晚古生代、燕山早期和燕山中期斑岩型铜（钼）矿床。此外，北北东向火山岩带及其边缘带是寻找与燕山期中酸性火山-次火山岩有关的浅成低温热液型金矿床的有利地段。同时，岔路口钼矿床、大黑山钼（铜）矿床、小柯勒河铜钼矿床、天望台山金矿床的深部及外围仍具有较好的找矿前景。

主要参考文献

陈静,孙丰月,潘彤,等,2012.黑龙江霍吉河钼矿成矿地质特征及花岗闪长岩年代学、地球化学特征[J].吉林大学学报(地球科学版),42(S1):207-215.

崔根,王金益,张景仙,等,2008.黑龙江多宝山花岗闪长岩的锆石SHRIMP U-Pb年龄及其地质意义[J].世界地质,27(4):387-394.

杜琦,1984.多宝山斑岩铜矿床成矿规律的研究及应用[J].中国地质(6):12-16.

冯健行,2008.多宝山铜矿硫同位素空间分布特征[J].地质与勘探,44(1):46-49.

冯雨周,邓昌州,陈华勇,等,2020.大兴安岭北段小柯勒河铜钼矿床硫化物Re-Os年龄及其地质意义[J].大地构造与成矿学,44(3):465-475.

高歌悦,2019.黑龙江省大兴安岭小柯勒河铜钼矿床地质特征及矿化富集规律研究[D].长春:吉林大学.

葛文春,吴福元,周长勇,等,2007.兴蒙造山带东段斑岩型Cu、Mo矿床成矿时代及其地球动力学意义[J].科学通报,55(20):2407-2417.

葛文春,吴福元,周长勇,等,2005.大兴安岭北部塔河花岗岩体的时代及对额尔古纳地块构造归属的制约[J].科学通报,50(12):1239-1247.

黑龙江地矿局,1993.黑龙江区域地质志[M].北京:地质出版社.

胡新露,姚书振,何谋惷,等,2014.大兴安岭北段岔路口和大黑山斑岩型钼矿床硫、铅同位素特征[J].矿床地质,33(4):776-784.

胡新露,2015.大兴安岭北段-小兴安岭地区斑岩型铜、钼矿床成矿作用与岩浆活动[D].武汉:中国地质大学(武汉).

金露英,李光明,李真真,等,2012.大兴安岭北段岔路口斑岩钼多金属矿床高氟高氧化成矿流体特征[J].矿床地质,31(S1):663-664.

金山岩,杜英杰,丁小津,等,2014.多宝山矿田铜山铜矿资源潜力及深部勘查方向[J].地质与勘探,50(4):666-674.

冷亚星,王建平,郑德文,2015.黑龙江多宝山铜矿赋矿岩体中-新生代隆升研究[J].矿物学报,35(S1):29.

李春诚,吕新彪,杨永胜,等,2016.大兴安岭北段古利库金(银)矿床流体包裹体特征与成矿机制[J].地质科技情报,35(2):152-160.

李春昱,1980.中国板块构造轮廓[J].中国地质科学院院报,2(1):11-22.

李诺,孙亚莉,李晶,等,2007.内蒙古乌努格吐山斑岩铜钼矿床辉钼矿铼锇等时线年龄及其成矿地球动力学背景[J].岩石学报,23(11):2881-2888.

李述靖,张维杰,耿明山,1998.蒙古弧形地质构造特征及其演化[M].北京:地质出版社.

李向文,杨言辰,叶松青,等,2012.大兴安岭北段旁开门金(银)矿床地球化学特征及成因[J].吉林大学学报(地球科学版),42(1):82-91.

李真真,李光明,孟昭君,等,2014.大兴安岭岔路口巨型斑岩钼矿床角砾岩相的划分、特征及成因[J].矿床地质,33(3):607-624.

林强,葛文春,孙德有,等,1998.中国东北地区中生代火山岩的大地构造意义[J].地质科学,33(2):129-139.

林强,葛文春,孙德有,等,1999.东北亚中生代火山岩的地球动力学意义[J].地球物理学报,42(S1):75-84.

刘建明,张锐,张庆洲,2004.大兴安岭地区的区域成矿特征[J].地学前缘,11(1):269-277.

刘军,武广,王峰,等,2013a.大兴安岭北段岔路口斑岩钼矿床成矿年代学、岩石地球化学及其地质意义[J].矿床地质,32(6):1093-1116.

刘军,武广,王峰,等,2013b.黑龙江省岔路口斑岩钼矿床流体包裹体和稳定同位素特征[J].中国地质,40(4):1231-1251.

刘翼飞,聂凤军,孙振江,等,2011.岔路口特大型钼多金属矿床的发现及其意义[J].矿床地质,30(4):759-764.

刘驰,穆治国,刘如琦,等,1995.多宝山斑岩铜矿区水热蚀变矿物的激光显微探针 $^{40}Ar-^{39}Ar$ 定年[J].地质科学,30(4):329-337.

刘军,周振华,何哲峰,等,2015.黑龙江省铜山铜矿床英云闪长岩锆石 U-Pb 年龄及地球化学特征[J].矿床地质,34(2):289-308.

刘云华,刘怀礼,黄绍峰,等,2011.西秦岭李子园碎石子斑岩型金矿床地质特征及成矿时代[J].黄金,32(7):12-18.

刘永江,张兴洲,金巍,等,2010.东北地区晚古生代区域构造演化[J].中国地质,37(4):943-951.

聂凤军,孙振江,李超,等,2011.黑龙江岔路口钼多金属矿床辉钼矿铼-锇同位素年龄及地质意义[J].矿床地质,30(5):828-836.

聂凤军,孙振江,刘翼飞,等,2013.大兴安岭岔路口矿区中生代多期岩浆活动与钼成矿作用[J].中国地质,40(1):273-286.

潘桂棠,肖庆辉,陆松年,等,2009.中国大地构造单元划分[J].中国地质,36(1):1-28.

庞绪勇,秦克章,王乐,等,2017.黑龙江铜山断裂的变形特征及铜山铜矿床蚀变带-矿体重建[J].岩石学报,33(2):398-414.

祁进平,陈衍景,PIRAJNO F,2005.东北地区浅成低温热液矿床的地质特征和构造背景[J].矿物岩石,25(2):47-49.

任邦方,孙立新,程银行,等,2012.大兴安岭北部永庆林场-十八站花岗岩锆石 U-Pb 年龄、Hf 同位素特征[J].地质调查与研究,35(2):109-117.

任纪舜,1989.中国各部及邻区大地构造演化的新见解[J].中国区域地质(4):289-300.

任纪舜,牛宝贵,刘志刚,1999.软碰撞、叠覆造山和多旋回缝合作用[J].地学前缘,6(3):85-93.

邵军,王世称,马晓龙,等,2003.大兴安岭北段金、多金属矿床区域成矿特征[J].吉林大学学报(地球科学版),33(1):32-36.

邵军,杨宏智,贾斌,等,2012.黑龙江鹿鸣钼矿床地质特征及成矿年龄[J].矿床地质,13(6):1301-1310.

尚毅广,2017.黑龙江省大兴安岭地区小柯勒与972高地金多金属矿床地质特征及成矿预测[D].长春:吉林大学.

佘宏全,李进文,向安平,等,2012.大兴安岭中北段原岩锆石U-Pb测年及其与区域构造演化关系[J].岩石学报,28(2):571-594.

时永明,朱群,高友,2006.大兴安岭地区古利库金(银)矿床成因探讨[J].地质与勘探,6(5):23-27.

隋振民,2007.大兴安岭东北部花岗岩类锆石U-Pb年龄、岩石成因及地壳演化[D].长春:吉林大学.

谭钢,常国雄,佘宏全,等,2010.内蒙古乌奴格吐山斑岩铜钼矿床辉钼矿铼-锇同位素定年及其地质意义[J].矿床地质,29(S1):506-508.

谭红艳,舒广龙,吕骏超,等,2012.小兴安岭鹿鸣大型钼矿LA-ICP-MS锆石U-Pb和辉钼矿Re-Os年龄及其地质意义[J].吉林大学学报(地球科学版),42(6):1757-1770.

唐臣,杨帆,孙景贵,等,2011.大兴安岭旁开门金银矿床赋矿围岩的锆石U-Pb年龄及其地质意义[J].世界地质,30(4):532-537.

唐文龙,杨言辰,李骞,等,2007.伊春前进地区岩浆岩的地球化学特征及其对成矿的制约[J].吉林大学学报(地球科学版),37(1):41-47.

王曦,王晨,2019.黑龙江省大兴安岭岔路口钼多金属矿床围岩蚀变特征[J].矿产与地质,33(2):220-226.

魏连喜,2013.黑龙江省有色、贵金属成矿规律及定量预测研究[D].长春:吉林大学.

向安平,杨郧城,李贵涛,等,2012.黑龙江多宝山斑岩Cu-Mo矿床成岩成矿时代研究[J].矿床地质,31(6):1237-1248.

熊索菲,何谋惷,姚书振,等,2014.大兴安岭岔路口斑岩钼矿床流体成分及成矿意义[J].地球科学(中国地质大学学报),39(7):820-836.

徐登科,温家俊,韩国安,1987.大兴安岭旁开门火山岩型金银矿稳定同位素及稀土元素特征研究[J].黄金地质科技(4):47-59.

阎鸿铨,叶茂,孙维志,等,2001.大兴安岭满洲里和乌奴尔地区银、铅、锌和铜矿床预测研究[R].长春:吉林大学.

杨言辰,韩世炯,孙德有,等,2012.小兴安岭-张广才岭成矿带斑岩型钼矿床岩石地球化学特征及其年代学研究[J].岩石学报,28(2):379-390.

杨永胜,2017.大兴安岭中北段与金铜钼矿有关岩浆岩成矿专属性及红彦地区成矿预测[D].武汉:中国地质大学(武汉).

王朝亮,2018.黑龙江省新林区小柯勒河铜(钼)矿成矿与找矿模型研究[D].长春:吉林大学.

王建平,韩龙,吕克鹏,2011.大兴安岭岔路口钼多金属矿床地质特征[J].矿产与地质,25(6):486-490.

王金益,张景仙,崔革,等,2008.黑龙江多宝山花岗闪长岩的锆石SHRIMP U-Pb年龄及其地质意义[J].世界地质,27(4):386-394.

王乐,秦克章,庞绪勇,等,2017.多宝山矿田铜山斑岩铜矿床地质特征与蚀变分带:对热液-矿化中心及深部勘查的启示[J].矿床地质,36(5):1143-1168.

王召林,金浚,李占龙,等,2010.大兴安岭中北段莫尔道嘎地区含矿斑岩的锆石U-Pb年龄、Hf同位素特征及成矿意义[J].岩石矿物学杂志,39(6):796-810.

吴福元,孙德有,林强,1999.东北地区显生宙花岗岩的成因与地壳增生[J].岩石学报,15(2):181-189.

吴福元,孙德有,张广良,等,2000.论燕山运动的深部地球动力学本质[J].高校地质学报,6(3):379-388.

赵丕忠,谢学锦,程志中,2014.大兴安岭成矿带北段区域地球化学背景与成矿带划分[J].地质学报,88(1):99-108.

赵元艺,赵广江,1995.黑龙江多宝山铜矿田稀土元素地球化学特征及多宝山铜矿床成因模式[J].吉林地质,14(2):71-78.

赵元艺,马志红,仲崇学,1995.黑龙江铜山铜矿床地球化学及其找矿模型[J].地质与勘探,31(3):48-54.

赵元艺,王江朋,赵广江,等,2011.黑龙江多宝山矿集区成矿规律与找矿方向[J].吉林大学学报(地球科学版),41(6):1676-1688.

张理刚,1985.稳定同位素在地质科学中的应用[M].西安:陕西科学技术出版社.

张苏江,2009.黑龙江省铁力地区钼(铜)矿床成矿地质条件及找矿潜力分析[D].长春:吉林大学.

张新元,聂秀兰,2010.蒙古国南部欧玉陶勒盖铜(金)矿田找矿勘查与成矿理论研究新进展[J].地球学报,31(3):373-382.

张彦龙,葛文春,高妍,等,2010.龙镇地区花岗岩锆石U-Pb年龄和Hf同位素及地质意义[J].岩石学报,26(4):1059-1073.

赵焕利,刘旭光,刘海洋,等,2011.黑龙江多宝山古生代海盆闭合的岩石学证据[J].世界地质,30(1):18-27.

朱炳泉,1998.地球科学中同位素体系理论与应用:兼论中国大陆壳幔演化[M].北京:科学出版社.

朱炳泉,1993.矿石Pb同位素三维空间拓扑图解用于地球化学省与矿种区划[J].地球化学,22(3):209-216.

朱群,王恩德,李之彤,等,2004.古利库金(银)矿床的稳定同位素地球化学特征[J].地质与资源,13(1):8-16.

ANDERS E,GREVESSE N,1989. Abundances of the elements:Meteoritic and solar[J]. Geochimica Et Cosmochimica Acta(53):197-214.

CHEN B,JAHN B M,TIAN,W,2009. Evolution of the Solonker suture zone:Constraints from zircon U-Pb ages,Hf isotopic ratios and whole-rock Nd-Sr isotope compositions of subduction-and collision-related magmas and forearc sediments[J]. Journal of Asian Earth Sciences,34(3):245-257.

CHEN Y W,MAO C X,ZHU B Q,1982. Lead isotopic composition and genesis of Phanerozoic metal deposits in China[J]. Geochemistry,1(2):137-158.

COLLINS P L F,1979. Gas hydrates in CO_2-bearing fluid inclusions and the use of freezing data for estimation of salinity[J]. Economic Geology,74(6):1435-1444.

DUAN P,LIU C,MO X,et al,2018. Discriminating characters of ore-forming intrusions in the super-large Chalukou porphyry Mo deposit,NE China[J]. Geoscience Frontiers,9(5):1417-1431.

GAO J,KLEMD R,ZHU M,et al,2018. Large-scale porphyry-type mineralization in the Central Asian metallogenic domain:A review[J]. Journal of Asian Earth Sciences(165):7-36.

HAO Y J,REN Y S,DUAN M X,et al,2014. Re-Os isotopic dating of the molybdenite from the Tongshan porphyry Cu-Mo deposit in Heilongjiang province,NE China[J]. Acta Geologica Sinica-English Edition(88):522-523.

HEDENQUIST J W,LOWENSTERN J B,1994,The role of magmas in the formation of hydrothermal ore-deposits[J]. Nature,370(6490):519-527.

HU X L,DING Z J,YAO S Z,et al,2016. Geochronology and Sr-Nd-Hf isotopes of the Mesozoic granitoids from the Great Xing'an and Lesser Xing'an ranges:implications for petrogenesis and tectonic evolution in NE China[J]. Geological Journal,51(1):1-20.

HU X L,YAO S Z,HE M C,et al,2014. Geochemistry,U-Pb geochronology and Hf lsotope studies of the Daheishan porphyry Mo deposit in Heilongjiang province,NE China[J]. Resource Geology,64(2):102-116.

HU X L,YAO S Z,DING Z J,et al,2017. Early Paleozoic magmatism and metallogeny in Northeast China:a record from the Tongshan porphyry Cu deposit[J]. Mineralium Deposita,52(1):85-103.

JAHN B M,LITVINOVSKY B A,ZANVILEVICH A N,et al,2009. Peralkaline granitoid magmatism in the Mongolian-Transbaikalian Belt:Evolution,petrogenesis and tectonic significance[J]. Lithos,113(3-4):521-539.

JIAN P,LIU D Y,KRONER A,et al,2008. Time scale of an early to mid-Paleozoic orogenic cycle of the long-lived Central Asian Orogenic Belt,Inner Mongolia of China:implications for continental growth[J]. Lithos(101):233-259.

JIN L,QIN K,LI G,et al,2015. Trace element distribution in sulfides from the

Chalukou porphyry Mo-vein-type Zn – Pb system, northern Great Xing'an Range, China: Implications for metal source and ore exploration[J]. Acta Petrologica Sinica, 31(8):2417 – 2434.

LI Z Z, QIN K Z, LI G M, et al, 2014. Formation of the giant Chalukou porphyry Mo deposit in northern Great Xing'an Range, NE China: Partial melting of the juvenile lower crust in intra-plate extensional environment[J]. Lithos(202):138 – 156.

LI Z Z, QIN K Z, LI G M, et al, 2019. Incursion of meteoric water triggers molybdenite precipitation in porphyry Mo deposits: A case study of the Chalukou giant Mo deposit[J]. Ore Geology Reviews(109):144 – 162.

LIU J, MAO J, WU G, et al, 2014. Zircon U – Pb and molybdenite Re – Os dating of the Chalukou porphyry Mo deposit in the northern Great Xing'an Range, China and its geological significance[J]. Journal of Asian Earth Sciences(79):696 – 709.

LIU J, WU G, LI Y, et al, 2012. Re – Os sulfide (chalcopyrite, pyrite and molybdenite) systematics and fluid inclusion study of the Duobaoshan porphyry Cu (Mo) deposit, Heilongjiang Province, China[J]. Journal of Asian Earth Sciences(49):300 – 312.

LIU J, MAO J W, WU G, et al, 2015. Geochemical signature of the granitoids in the Chalukou giant porphyry Mo deposit in the Heilongjiang Province, NE China[J]. Ore Geology Reviews(64):35 – 52.

LIU Y, BAGAS L, JIANG S, et al, 2017. The Chalukou deposit in the North Great Xing'an Range of China: A protracted porphyry Mo ore-forming system in a long-lived magmatic evolution cycle[J]. Ore Geology Reviews(89):171 – 186.

LE MAITRE R W, BATEMAN P, DUDEK A, et al, 1989. A classification of igneous rocks and glossary of terms[M]. Oxford: Blackwell Scientific Publications.

MANIAR P D, PICCOLI P M, 1989. Tectonic discrimination of granitoids[J]. Geological Society of America Bulletin(101):635 – 643.

MARTIN H, SMIITHIES R H, RAPP R, et al, 2005. An overview of adakite, tonalite-trondhjemite-granodiorite (TTG), and sanukitoid: relationships and some implications for crustal evolution[J]. Lithos(79):1 – 24.

MIDDLEMOST E A K, 1994. Naming materials in the magma/igneous rock system[J]. Earth-Science Reviews(37):215 – 224.

PECCERILLO A, TAYLOR S R, 1976. Rare earth elements in east Carpathian volcanic rocks[J]. Earth and Planetary Science Letters(32):121 – 126.

PIRAJNO F, ZHOU T, 2015. Intracontinental porphyry and porphyry-skarn mineral systems in eastern China: Scrutiny of a special case "Made-in-China"[J]. Economic Geology,110(3):603 – 629.

SUN S S, MCDONOUGH W F, 1989. Chemical and isotopic systematics of oceanic basalts: Implications for mantle composition and processes[J]// Saunders A D, and Norry

M J. Magmatism in the Oceanic Basalts. Geol. Soc. London Spec. Pub(42):313–345.

TAYLOR H P J,1974. The application of oxygen and hydrogen isotope studies to problems of hydrothermal alteration and ore deposition[J]. Economic Geology,69(6):843–883.

WANG G W,HUANG L,2012. 3D geological modeling for mineral resource assessment of the Tongshan Cu deposit,Heilongjiang Province,China[J]. Geoscience Frontiers(4):483–491.

WU G,CHEN Y C,SUN F Y,et al,2015. Geochronology,geochemistry,and Sr–Nd–Hf isotopes of the early Paleozoic igneous rocks in the Duobaoshan area,NE China,and their geological significance[J]. Journal of Asian Earth Sciences(97):229–250.

WU F Y,LIN J Q,WILDE S A,et al,2005. Nature and significance of the Early Cretaceous giant igneous event in eastern China[J]. Earth and Planetary Science Letters,233(1–2):103–119.

WU F Y,SUN D Y,GE W C,et al,2011. Geochronology of the Phanerozoic granitoids in northeastern China[J]. Journal of Asian Earth Sciences,41(1):1–30.

WU F Y,JAHN B M,WILDE S A,et al.,2003. Highly fractionated I-type granites in NE China (Ⅱ):isotopic geochemistry and implications for crustal growth in the Phanerozoic[J]. Lithos,67(3–4):191–204.

XIONG S,HE M,YAO S,et al,2015. Fluid evolution of the Chalukou giant Mo deposit in the northern Great Xing'an Range,NE China[J]. Geological Journal,50(6):720–738.

ZARTMAN R E,DOE B R,1981. Plumbotectonics-the model[J]. Tectonophysics,75(1):35–162.

ZENG Q D,LIU J M,CHU S X,et al,2014a. Re–Os and U–Pb geochronology of the Duobaoshan porphyry Cu–Mo–(Au) deposit,northeast China,and its geological significance[J]. Journal of Asian Earth Sciences(79):895–909.

ZHANG C,LI N,2017. Geochronology and zircon Hf isotope geochemistry of granites in the giant Chalukou Mo deposit,NE China:Implications for tectonic setting[J]. Ore Geology Reviews(81):780–793.